全国中等职业学校电工类专业通用

全国技工院校电工类专业通用（中级技能层级）

机械与电气识图课教学设计方案

——与《机械与电气识图（第四版）》配套

叶录京 主编

中国劳动社会保障出版社

简介

本书是全国中等职业学校电工类专业通用教材 / 全国技工院校电工类专业通用教材（中级技能层级）《机械与电气识图（第四版）》的配套用书，供教师教学使用。

本书按照教材顺序编写，内容安排力求体现教材的编写意图，以期为教师授课提供多方面的帮助。书中包括“教学目标”“教学重点”“教学难点”“教学内容”“教师活动”“学生活动”等内容，教师可结合教学实际情况和学生特点使用。

本书由叶录京任主编，王希波、郑思危参与编写，郭永德任主审。

图书在版编目（CIP）数据

机械与电气识图课教学设计方案：与《机械与电气识图（第四版）》配套 / 叶录京主编 . -- 北京：中国劳动社会保障出版社，2023

全国中等职业学校电工类专业通用　全国技工院校电工类专业通用 . 中级技能层级

ISBN 978-7-5167-6109-0

Ⅰ. ①机…　Ⅱ. ①叶…　Ⅲ. ①机械图 - 识别 - 教学设计 - 中等专业学校②电路图 - 识别 - 教学设计 - 中等专业学校　Ⅳ. ①TH126.1 ②TM02

中国国家版本馆 CIP 数据核字（2023）第 197506 号

中国劳动社会保障出版社出版发行

（北京市惠新东街 1 号　邮政编码：100029）

*

北京市科星印刷有限责任公司印刷装订　　新华书店经销

787 毫米 ×1092 毫米　16 开本　9.5 印张　180 千字

2023 年 10 月第 1 版　　2023 年 10 月第 1 次印刷

定价：19.00 元

营销中心电话：400-606-6496

出版社网址：http://www.class.com.cn

http://jg.class.com.cn

目 录

第五章　典型电气图的识读

第六章　计算机绘图

绪论

课题	绪论		
授课时间	年　月　日	学时	1
授课班级			
教具	多媒体设备、教材。		
教学目标	1. 了解图样的基本知识。 2. 了解学习本课程的目的。 3. 培养对机械与电气识图课的学习兴趣。 4. 培养认真的学习态度和严谨的工作作风。		
教学重点	1. 机械图样和电气图样的概念。 2. 学习本课程的目的。 3. 培养学习本课程的兴趣。		
教学难点	培养学习本课程的兴趣。		

教学内容	教师活动	学生活动
【教学引入】 抢答器的设计、生产、使用及维修过程：设计者通过图样表达设计意图；制造者通过图样了解设计要求、组织制造和指导生产；使用者通过图样了解机械设备的结构和性能，进行操作、维修和保养。 图样是交流传递技术信息、设计思想的媒介和工具，是工程界通用的技术语言。	展示教材图0–1，讲解抢答器的设计、生产、使用及维修过程 强调图样的语言功能和在本专业中的重要性，培养学生对图样的兴趣	翻阅本专业教材，浏览教材上的图样并讨论

教学内容	教师活动	学生活动
【新课教学】 **一、本课程的必要性** 机械和电气图样可以帮助技术人员了解机电设备的机械结构和电气线路的工作原理。 1. 机械图样 准确表达机械、部件或零件的形状、结构和大小的图样称为机械图样。 通过识读机械图样，可以了解机器、部件或零件的形状、大小、制造要求和用途。 2. 电气图样 用各种电气符号、带注释的围框或简化外形表示系统、设备或装置各组成部分之间电气关系及其连接关系的图样，称为电气图样。 通过识读电气图样，了解和熟悉设备电气控制电路的工作原理，并与设备实际的控制线路相联系。 现代新型技能型人才应具备识读、绘制机械和电气图样的基本能力。 **二、本课程的性质、任务和要求** 机械与电气识图课是中等职业学校电工类专业的专业基础课。它是一门既有系统理论，又有较强实践性和应用性的课程。 1. 熟悉机械制图的基本知识，掌握三视图的画法，了解轴测图的画法，能够识读一般组合体的三视图。 2. 掌握视图的表达方法，了解标准件、常用件的画法，能识读一般零件的零件图和简单装配体的装配图。	展示CA6140型卧式车床及其电气控制部分，简要介绍其结构、用途和电气元件 展示教材图0–2中的电气安装板零件图，介绍该零件图的用途 展示CA6140型卧式车床的电气控制电路图，介绍该电路图的用途 分析机械图样与电气图样的区别：机械图样表达物体的结构形状和大小，电气图样表达电气线路的工作原理 分析本课程与其他课程的联系，强调本课程的重要性 结合教材目录，分析教材的内容 结合机械知识课，分析机械图样的重要性	分析机械图样的组成要素，包括图形、尺寸、文字 分析电路图的组成要素，包括符号、图线、字母与数字、文字 小组讨论对机械图样和电气图样的认识 查阅本专业的专业课教材，翻阅书中的机械图样与电气图样，理解本课程在本专业中的地位

教学内容	教师活动	学生活动
3. 掌握电气制图的基本符号，并能识读和使用常用的电气符号。 4. 掌握电气制图一般规则和基本表示方法。 5. 掌握典型电气图的基本表示方法，并能识读一般电气图。	结合本专业的专业课，分析电气图样的重要性	小组讨论学习绪论的感受，培养学习本课程的兴趣
6. 掌握计算机绘图的基本技能，能用 AutoCAD 绘制简单的机械图样和电气图样。	简单介绍计算机绘图的发展状况，展示 AutoCAD 绘图软件	
三、本课程的学习特点 本课程的学习特点总结为以下五个字：看、画、思、严、美。	提出本课程的中心任务是提高绘图与看图的能力	
1. 看。本课程接触到大量的图，看懂机械图样和电气图样是本课程的首要任务。	介绍本课程的学习特点，不用记忆概念，需要计算的内容较少	小组讨论学本课程与学习语文课、数学课有何不同
2. 画。看图离不开绘图，要想学会看图，必须先学会绘图。	分析看图和绘图的关系，强调绘图在学习中的重要性	小组讨论如何看懂图样所表达的信息
3. 思。看机械图样需要想象物体的形状，看电气图样要结合专业知识思考电气元件及电路工作原理。	强调看机械图样要想象物体形状，看电气图样要分析工作原理	小组讨论国家标准有何用途，不遵循国家标准绘图会造成什么后果
4. 严。机械图样和电气图样是工程语言，涉及许多的国家标准，有严格的规范。绘图要遵循国家标准，看图要依据国家标准。	简单介绍几个常用的机械制图和电气制图国家标准，并强调国家标准的重要性	小组讨论如何学习本课程
5. 美。绘图要求布局合理，图线清晰、美观，文字规范，图面干净整洁。	展示往届学生的优秀作业	

【课堂小结】

1. 机械图样：准确表达机械、部件或零件的形状、结构和大小的图样。

2. 电气图样：用各种电气符号、带注释的围框或简化外形表示系统、设备或装置各组成部分之间电气关系及其连接关系的图样。

3. 学习本课程要做到看图认真，绘图仔细、美观，严格执行国家标准。

第一章

机械识图基础知识

§1-1 制图基本规定

<table>
<tr><td>课题</td><td colspan="3">制图基本规定</td></tr>
<tr><td>授课时间</td><td>年 月 日</td><td>学时</td><td>2</td></tr>
<tr><td>授课班级</td><td colspan="3"></td></tr>
<tr><td>教具</td><td colspan="3">多媒体设备、绘图工具、A4 幅面绘图纸（每位学生各一张）。</td></tr>
<tr><td>教学目标</td><td colspan="3">1. 了解图线的种类及应用。
2. 掌握常用图线的画法。
3. 掌握比例的概念，了解比例的基本规定。
4. 掌握常用绘图工具的使用方法，培养使用绘图工具正确绘制各种图线的能力。
5. 培养学生认真对待学习和工作的态度。
6. 培养学生对图样的审美能力。</td></tr>
<tr><td>教学重点</td><td colspan="3">1. 图线的种类和画法。
2. 削铅笔的方法。
3. 横线和竖线的绘制方法和技巧。</td></tr>
<tr><td>教学难点</td><td colspan="3">1. 图线的画法。
2. 用铅笔绘制符合标准的图线。</td></tr>
<tr><td colspan="2">教学内容</td><td>教师活动</td><td>学生活动</td></tr>
<tr><td colspan="2">【教学引入】
教材图 1–1 采用了多种不同的图线进行绘制。</td><td>讲解教材图 1–1 所表达的结构，指导学生分析图线的类型</td><td>分析教材图 1–1 中的图线，找出不同图线间的差异</td></tr>
</table>

教学内容	教师活动	学生活动
【新课教学】 一、图线 1. 图线的类型 图线的常用类型包括粗实线、细实线、细点画线、细虚线、波浪线、双折线、细双点画线。 2. 图线的画法 当线宽为 0.5 mm 时，细虚线、细点画线、细双点画线和双折线的尺寸要求如下：	展示教材表 1–1 中的各种图线 强调图样中粗线和细线的宽度要清晰可辨，手工绘图时细实线要尽量细些 讲解点、间隔、细虚线的短画、细点画线和细双点画线的长画的尺寸要求 强调细虚线、细点画线、细双点画线画的长度可根据图形大小适当调整，但要尽量均匀。点为长度等于 0.75 mm 的线段，间隔为 1mm 提出图线的长度、线宽、间隔要求	分析各种图线的宽度 按要求绘制各种图线 小组交流，相互比较图线绘制的质量，找出存在的问题
3. 图线的用途 粗实线：可见轮廓线。 细实线：尺寸线、尺寸界线、指引线、短中心线、剖面线、重合断面的轮廓线。 细点画线：轴线、对称中心线。 细虚线：不可见轮廓线。 波浪线、双折线：断裂处边界线、视图与剖视图的分界线。 细双点画线：相邻辅助零件的轮廓线、可动零件极限位置的轮廓线、中断线。	简要介绍粗实线、细实线、细虚线、细点画线等常用的用途	掌握粗实线、细虚线、细实线、细点画线等的用途

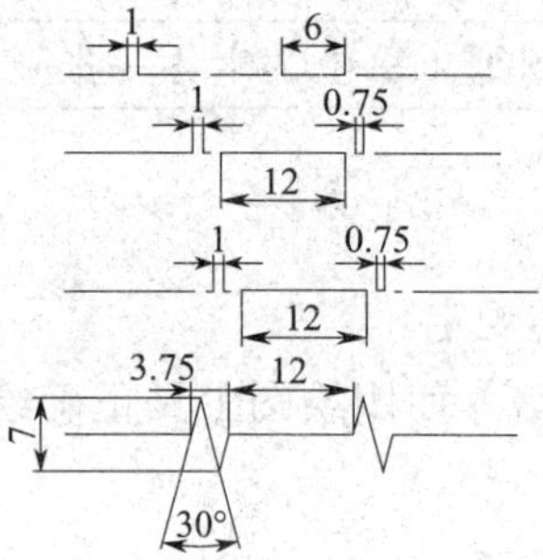

<table>
<tr><th>教学内容</th><th>教师活动</th><th>学生活动</th></tr>
<tr><td>二、比例
1. 比例的概念
图样中图形与其实物相应要素的线性尺寸之比。
2. 比例的种类
原值比例：比值为 1 的比例。
放大比例：比值大于 1 的比例。
缩小比例：比值小于 1 的比例。
2 : 1　1 : 1　1 : 2
3. 常用绘图比例
原值比例：1 : 1
放大比例：2 : 1　5 : 1
缩小比例：1 : 2　1 : 5
三、常用绘图工具
1. 铅笔
铅笔的笔杆上标有型号标记，标记中 B 前的数字越大，表示铅芯越软，绘出图线的颜色越深；H 前的数字越大，表示铅芯越硬，绘出图线的颜色越浅；HB 型铅笔的铅芯软硬和颜色适中。
一般将 2H、H、HB 型铅笔修磨成圆锥形，B 型铅笔修磨成四棱柱形。
2. 三角板
常用三角板有两种类型，其中一种的角度为 45°、45°和 90°；另一种的角度为 30°、60°和 90°。</td><td>强调“比例 = 图：物”，是线性尺寸之比
指导学生裁剪一个长 30 mm、宽 20 mm 的矩形图纸，让学生测量图纸，并用不同的比例绘图
介绍国家标准 GB/T 14690—1993，强调必须用国家标准规定的比例绘图
讲述各种型号铅笔的特点
示范削铅笔，强调削铅笔的尺寸要求以及削铅笔时不要削掉型号标记
介绍三角板的结构，演示用其绘制横线和竖线的方法</td><td>用图纸裁剪一个矩形，然后按照 2 : 1、1 : 1 和 1 : 2 的比例，用粗实线绘制矩形，并在图形上方标注比例
小组讨论，检查图形尺寸是否正确，图线是否规范
了解常用的比例，懂得优先采用 1 : 1 的绘图比例，提高规范意识
练习削铅笔和修磨铅芯</td></tr>
</table>

教学内容	教师活动	学生活动
用三角板画线的方法：横线由左向右绘制，铅笔向右前方倾斜；竖线由下向上绘制，铅笔向左前方倾斜；画线时保持铅笔倾斜角度不变。	强调将三角板的边缘与图纸的边缘对齐 用一块三角板绘制 30°、45°、60° 方向的斜线	绘制横线和竖线 绘制 30°、45°、60°斜线
3. 圆规 圆规的带台阶端针尖要稍长于铅芯，使用时要向画线方向稍微倾斜。	演示圆规的使用方法，检查学生所用圆规中的铅芯是否按要求修磨	修磨圆规铅芯，绘制圆或圆弧
【应用举例】 抄绘压板平面图 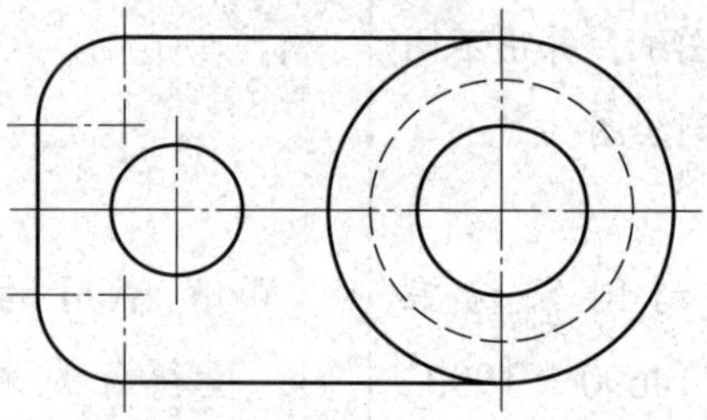	分析教材图 1–6 的图形特征，组织学生讨论绘图步骤 演示绘图过程	小组讨论绘图步骤 学生同步绘制图形
1. 分析图形。 该平面图形上、下对称。 2. 绘制图形。 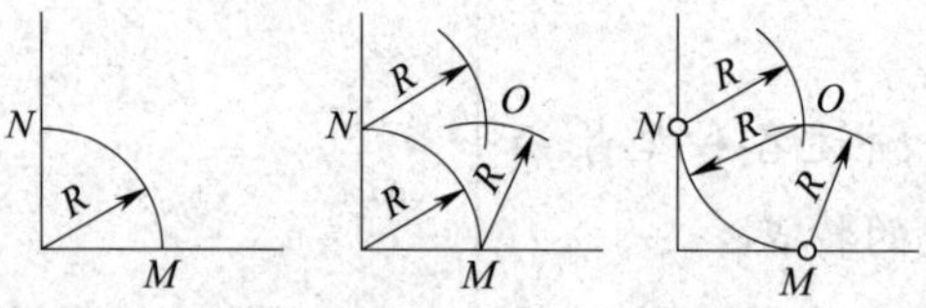	重点讲解圆角的画法，切点要圆滑过渡 巡回检查学生绘制的图形	在检查无误后描深图线 小组讨论，展示优秀作品

【课堂小结】

1. 常用的图线有粗实线、细实线、细点画线、细虚线、波浪线、双折线、细双点画线。各种细线的宽度是粗线的 1/2。

2. 比例 = 图：物。

3. 横线要由左向右绘制，铅笔向右前方倾斜；竖线要由下向上绘制，铅笔向左前方倾斜。

4. 绘制图形时，应先画基准线，再画底图，检查无误后按线型要求描深。

【课后思考】

如何绘制 15°的任意整倍数斜线？

【课后作业】

1. 习题册 §1-1，题 1、2。

2. 按照下图所示尺寸制作长方体模型。

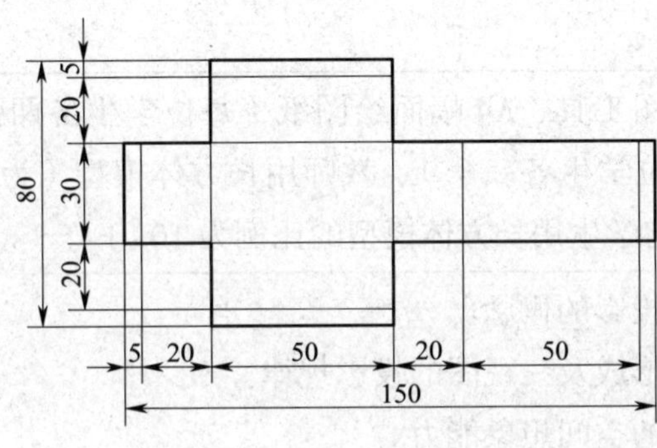

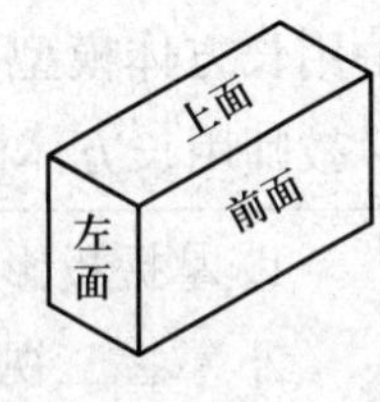

§1-2 三视图

课题	三视图		
授课时间	年 月 日	学时	3
授课班级			
教具	多媒体设备、绘图工具、A4 幅面绘图纸（每位学生各两张）、学生用长方体模型（每位学生各一个）、教师用长方体模型（为便于教学，教师用长方体模型与学生用长方体模型的比例为 10 : 1）。		
教学目标	1. 掌握投影及正投影的概念。 2. 掌握三视图的形成及三视图的投影规律。 3. 初步培养学生的空间想象能力。 4. 培养学生识读和绘制一般形体三视图的能力。 5. 培养学生对三视图的兴趣和对本课程的喜爱。		
教学重点	1. 投影和三视图的概念。 2. 三投影面体系的展开。 3. 三视图的投影规律。		
教学难点	1. 俯视图、左视图的展开。 2. 三视图的投影规律。 3. 培养学生的空间想象能力。		

教学内容	教师活动	学生活动
【教学引入】 展示长方体的立体图。	用 AutoCAD 绘图软件或 SolidWorks 实体设计软件动态展示长方体的立体图 提出问题：从不同的方向观察长方体，其形状有何变化？如何用图形准确地表达长方体	从不同方向观察长方体的结构，分析图形的变化 思考问题

教学内容	教师活动	学生活动
【新课教学】 **一、投影及正投影** 投影现象：太阳光照射在人身上，在地面上产生影子。	展示教材图1–7的配套动画，引导学生分析投影现象	找出投射线、投影面和投影
投影法：用一组投射线通过物体射向预定平面而得到图形（投影）的方法。 平行投影法：投射线互相平行的投影方法。 正投影法：投射线与投影面垂直。 斜投影法：投射线与投影面倾斜。 **二、三视图及投影规律**	展示教材图1–8的配套动画，分析投射线、投影面、空间三角形、投影的关系，重点分析空间三角形和投影面的位置关系	分析正投影法和斜投影法的区别
与投影面平行的平面，其投影反映该平面的实际形状（矩形）；与投影面垂直的平面，其投影积聚为直线。	提出问题：长方体用正投影法投影和斜投影法投影有何不同？正投影法有何优点	
1. 三投影面体系 正投影面（V）：正对着观察者的投影面。 水平投影面（H）：水平放置的投影面。 侧投影面（W）：右边侧立的投影面。 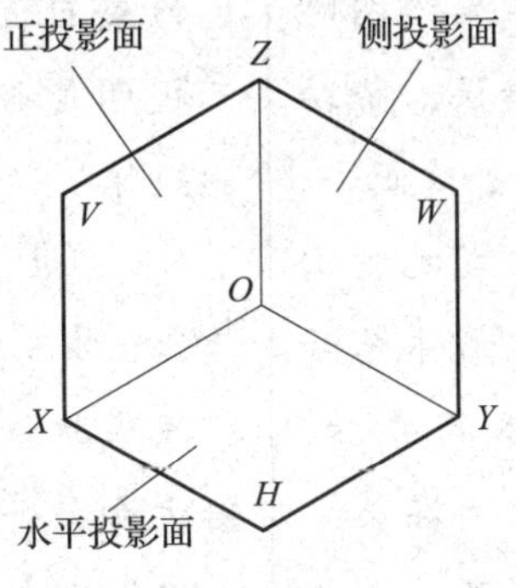	展示教材图1–9的配套动画，提出问题：长方体上的各个平面与投影面有何位置关系？其投影是什么	观看动画，将长方体模型按动画位置摆放，分析长方体上的各个平面与投影面的位置关系和投影情况
正投影面 侧投影面 Z V W O X Y H 水平投影面	测量长方体的长和高，在黑板上绘制长方体前面的正投影图	与教师同步测量长方体的长和高，绘制长方体前面的正投影图
	介绍三投影面体系的概念，指导学生制作三投影面体系	将A4纸裁剪成正方形，然后制作三投影面体系
X轴：V面与H面的交线。 Y轴：H面与W面的交线。 Z轴：V面与W面的交线。 坐标原点（O）：三轴交点。	检查学生制作三投影面体系的情况	标注投影面标识字母

教学内容	教师活动	学生活动
2. 三视图的形成 主视图：将物体由前向后向正投影面投射得到的视图。 俯视图：将物体由上向下向水平投影面投射得到的视图。 左视图：将物体由左向右向侧投影面投射得到的视图。	利用绘图软件绘制三视图并用多媒体设备展示 提出绘图要求：按测量的尺寸绘图；三个视图的位置要按要求对齐；轮廓线用粗实线，作图线用细实线	在自制的三投影面体系中绘制三视图 小组讨论，互相检查，评选优秀作品在班级内进行展示
3. 三投影面体系的展开 正投影面不动，水平投影面沿 OX 轴向下旋转 90°，侧投影面沿 OZ 轴向右旋转 90°。	展示教材图 1–12 的配套动画，演示如何展开三投影面体系 分析长方体各个平面在三投影面体系中的投影 分析六个方位在三视图中的位置	将自己的三投影面体系展开 在三视图上找出各个平面的投影 在三视图上标注六个方位
4. 三视图的投影规律 空间物体有前、后、左、右、上、下六个方位。 主、俯视图长对正；主、左视图高平齐；俯、左视图宽相等。	分析三视图的投影规律 找出学生绘图时的典型错误，帮助查找原因并改正	检查自己绘制的三视图是否符合投影规律
【应用举例】 **一、绘制沙发的三视图** 1. 分析形体 沙发靠背和底座的长度相等，靠背叠加在底座之上。	分析沙发的结构特点，该形体是两个长方体的叠加，也可以认为在长方体上切割了一个长方体。一般情况下能认为是叠加的，不认为是切割	思考主视图的投射方向，并在课本上用箭头指示出来

教学内容	教师活动	学生活动
2. 绘制三视图 （1）测量底座的长和高，绘制底座的主视图。 （2）测量底座的宽，并根据“长对正”的投影规律绘制底座的俯视图。 （3）根据“高平齐，宽相等”的投影规律绘制底座的左视图。 （4）测量靠背的高，绘制靠背的主视图。	在黑板上绘制沙发的三视图，或用绘图软件绘制并用多媒体设备展示	跟随教师同步绘制沙发的三视图
（5）测量靠背的宽，绘制靠背的俯视图。 （6）根据“高平齐，宽相等”的投影规律绘制靠背的左视图。 （7）校核三视图。 （8）擦除作图线，用粗实线描深轮廓线，完成三视图。	巡回检查学生的绘图情况	小组讨论，互相检查错误
二、根据V形支架的两视图补画第三视图	引导学生分析形体	分析形体
1. 分析形体 V形支架的底板和支承板的外形皆为长方体，在底板上钻有两个通孔，在支承板上加工了一个平底V形槽。	指导学生绘制主视图和俯视图	在A4纸上抄画主视图和俯视图
2. 补画左视图 （1）绘制底板外形的左视图。 （2）绘制支承板外形的左视图。	演示补画左视图的过程	补画左视图
（3）绘制通孔的左视图。 （4）绘制平底V形槽的左视图。 （5）检查校核，用粗实线描深可见轮廓线，用细虚线描深不可见轮廓线。	巡回检查学生绘图情况	小组讨论，互相检查

【课堂小结】

1. 三视图的概念

主视图：物体向正投影面投射。

俯视图：物体向水平投影面投射。

左视图：物体向侧投影面投射。

<table>
<tr><td>2. 三视图的展开
水平投影面沿 OX 轴向下旋转 90°，侧投影面沿 OZ 轴向右旋转 90°。
3. 三视图的投影规律
长对正、高平齐、宽相等。</td></tr>
<tr><td>【课后作业】
习题册 §1-2，题 1 ~ 5。</td></tr>
</table>

§1-3　轴测图

<table>
<tr><td>课题</td><td colspan="3">轴测图</td></tr>
<tr><td>授课时间</td><td>年　　月　　日</td><td>学时</td><td>3</td></tr>
<tr><td>授课班级</td><td colspan="3"></td></tr>
<tr><td>教具</td><td colspan="3">多媒体设备、绘图工具、A4 幅面绘图纸（每位学生各一张）。</td></tr>
<tr><td>教学目标</td><td colspan="3">1. 掌握正等轴测图与斜二等轴测图的形成过程。
2. 掌握正等轴测图和斜二等轴测图的轴间角和轴向伸缩系数。
3. 了解圆柱的正等轴测图。
4. 能绘制简单形体的正等轴测图和斜二等轴测图。
5. 能根据轴测图绘制三视图。</td></tr>
<tr><td>教学重点</td><td colspan="3">1. 正等轴测图和斜二等轴测图的形成过程。
2. 正等轴测图和斜二等轴测图的轴间角和轴向变形系数。</td></tr>
<tr><td>教学难点</td><td colspan="3">正等轴测图和斜二等轴测图的轴间角和轴向变形系数。</td></tr>
</table>

教学内容	教师活动	学生活动
【教学引入】 轴测图是一种立体图，是物体用平行投影法得到的一种单面投影图。它能在一个图形上同时反映物体长、宽、高三个方向的形状，具有较好的直观性。	展示教材图 1–17，指导学生分析三视图、正等轴测图、斜二等轴测图的特点，提出问题：如何得到这种图形	分析长方体的三视图、正等轴测图、斜二等轴测图的特点，分析三种图形和实际物体之间的关系
【新课教学】 一、正等轴测图 1. 正等轴测图的形成 进行正等轴测图的投影时，物体的前面、上面、左面与正投影面成一定的夹角，且夹角相等。	动画演示长方体主视图和正等轴测图的形成过程	观看动画，分析形成正等轴测图时，长方体各个平面与投影面的关系

教学内容	教师活动	学生活动
2. 正等轴测图的轴间角和轴向伸缩系数 在形成正等轴测图时，各空间直角坐标轴和投影面的夹角相等，所以正等轴测图的轴间角皆为120°，即$\angle XOZ=\angle YOZ=\angle XOY=120°$。	分析物体上的各个坐标轴和投影面的关系，得出正等轴测图的轴间角，指出各投影轴与投影面的夹角为35° 16′	分析物体上的各个坐标轴在轴测图上的投影
国家标准规定正等轴测图的轴向伸缩系数取1。	提出问题：坐标轴上10 mm的线段，在轴测图上变成了多少	计算坐标轴上10 mm的线段，在轴测轴上的长度（≈ 8.2 mm）
不在轴测轴方向上的线段，其轴向伸缩系数是一个变量，所以不能直接测量出轴测图上不平行于轴测轴的线段长度。	强调轴向伸缩系数取1，是为了作图方便 强调不平行于坐标轴的线段不能直接使用	思考问题：按轴向伸缩系数1绘制的轴测图比三视图大，还是小
【应用举例】 绘制长方体的正等轴测图。	演示如何绘制长方体的正等轴测图	在A4幅面的绘图纸上绘制教材图1–20所示长方体的正等轴测图，比例根据国家标准选定
3. 圆柱的正等轴测图 三视图上平行于坐标面的正方形，在正等轴测图中投影为菱形；三视图上平行于坐标面的圆，在正等轴测图中投影为内切于菱形的椭圆。	根据教材图1–21分析菱形和椭圆的关系及菱形的边长和三视图上的圆的关系	通过分析得出菱形的边长等于圆的直径
【应用举例】 根据支承座正等轴测图绘制其三视图。	展示教材图1–23，分析支承座的结构，指导学生绘制其三视图	结合支承座的结构制定绘图步骤

教学内容	教师活动	学生活动
二、斜二等轴测图 1. 斜二等轴测图的形成 斜二等轴测图采用的是斜投影法。	点评学生绘制的支承座三视图 分析教材图 1–24 物体上的坐标轴与投影面的关系	展示支承座三视图 通过分析得出斜二等轴测图坐标轴的位置与三视图相同；投射线同时通过物体的前面、左面、上面
2. 斜二等轴测图的轴间角和轴向伸缩系数 由于 O_0X_0、O_0Z_0 坐标轴和投影面平行，所以斜二等轴测图的轴间角 $\angle XOZ=90°$。调整投影方向，可使 $\angle XOY=\angle YOZ=135°$。 *OX*、*OZ* 轴的轴向伸缩系数为 1；*OY* 轴的轴向伸缩系数为 1/2。	通过分析长方体与投影面的关系，以及投射线与投影面的关系，得出斜二等轴测图的轴间角和轴向伸缩系数 分析坐标轴和投影面的关系，指导学生分析斜二等轴测图上各轴测轴的轴向伸缩系数	通过分析得出 *XOZ* 坐标面和投影面平行，所以 $\angle XOZ=90°$；调整投射方向可以使 *OY* 轴与水平（或竖直）方向呈 45° 夹角，使 $\angle XOY=\angle YOZ=135°$ 通过分析得出 O_0X_0 和 O_0Z_0 轴与投影面平行，所以轴向伸缩系数为 1；O_0Y_0 轴与投影面垂直，调整投射方向可以使 *OY* 轴的轴向伸缩系数为 1/2
【应用举例】 绘制挡块的斜二等轴测图。	分析教材图 1–26 挡块的主、俯视图，指导学生制定作图步骤	绘制挡块的斜二等轴测图

【课堂小结】 1. 正等轴测图采用正投影，各坐标轴与投影面的夹角相等。 2. 正等轴测图各轴测轴之间的夹角为 120°，轴向伸缩系数为 1。 3. 斜二等轴测图采用斜投影，O_0X_0 轴和 O_0Z_0 轴与投影面平行，O_0Y_0 轴与投影面垂直。 4. 斜二等轴测图的 OX 轴和 OZ 轴垂直，OY 轴与水平方向呈 45° 角倾斜。 5. 只有平行于坐标轴的线段与轴测图上相应的线段有符合轴向伸缩系数的比例关系。
【课后作业】 习题册 §1–3，题 1 ~ 3。

§1-4　点、直线和平面的投影

<table>
<tr><td>课题</td><td colspan="3">点、直线的投影</td></tr>
<tr><td>授课时间</td><td>年　　月　　日</td><td>学时</td><td>2</td></tr>
<tr><td>授课班级</td><td colspan="3"></td></tr>
<tr><td>教具</td><td colspan="3">多媒体设备、绘图工具、A4 幅面绘图纸（每位学生各一张）。</td></tr>
<tr><td>教学目标</td><td colspan="3">1. 掌握点的投影特性，能根据点的两面投影求作第三投影。
2. 掌握直线的投影特性，能绘制各种位置直线的三面投影。</td></tr>
<tr><td>教学重点</td><td colspan="3">1. 点的投影特性。
2. 直线的投影特性。</td></tr>
<tr><td>教学难点</td><td colspan="3">直线的投影特性。</td></tr>
</table>

教学内容	教师活动	学生活动
【教学引入】 任何物体都是由点、线、面等几何元素组成的。梯形块由 6 个四边形平面围成，而每个四边形平面由 4 条线围成，每条线由两个点连接而成。	展示教材图 1–27，提出问题：梯形块上包括哪些点、线、面	分析梯形块的结构，回答问题
【新课教学】 一、点的投影 1. 点的三面投影 空间点用大写拉丁字母表示，点的水平投影用相应的小写字母表示，点的正面投影用相应的小写字母加“′”表示，点的侧面投影用相应的小写字母加“″”表示。	展示教材图 1–28a，介绍点的习惯表示方法 演示绘制点的三面投影的方法	记忆点的习惯表示方法 与教师同步绘制点的三面投影
2. 点的投影特性 如教材图 1–28b 所示，$a'a \perp OX$；$a'a'' \perp OZ$；$aa_X=a''a_Z$。	分析点的投影特性	按照点的投影特性检查所绘制的点的三面投影

教学内容	教师活动	学生活动
【应用举例】 根据点的两面投影求作第三投影。	展示教材图 1–29，并让学生在黑板上完成点的第三投影	根据绘图过程和结果，分析存在的问题
二、直线的投影 根据直线相对于投影面的不同位置可将直线分为投影面垂直线、投影面平行线和一般位置直线三种。	展示教材表 1–10，讲解各种位置直线的概念	用铅笔绘制各种位置直线
1. 投影面垂直线 （1）在所垂直的投影面上的投影积聚为一点。 （2）在所平行的两个投影面上的投影为反映实长的横线或竖线。	展示教材图 1–30，让学生分析长方体上的直线 展示教材表 1–11，指导学生分析各种投影面垂直线的投影特性	分别找出长方体上的正垂线、铅垂线和侧垂线
2. 投影面平行线 （1）在所平行的投影面上的投影为反映实长的斜线。 （2）在所倾斜的两个投影面上的投影为小于实长的横线或竖线。	展示教材图 1–31，指导学生分析长方体上的直线 展示教材表 1–12，指导学生分析各种投影面平行线的投影特性	分别找出教材图 1–31 所示形体的正平线、水平线和侧平线
3. 一般位置直线 一般位置直线的三面投影皆为小于实长的斜线。	展示教材图 1–32，指导学生分析一般位置直线的投影特性	用铅笔绘制教材图 1–32 所示直线的位置
【应用举例】 判断形体上各棱线的名称。	展示教材图 1–33，指导学生分析图示形体上各棱线的三面投影	分别分析形体上的投影面垂直线、投影面平行线和一般位置直线

【课堂小结】

1. 垂直于某投影面的直线称为投影面垂直线，包括正垂线、铅垂线和侧垂线。

2. 平行于某投影面，倾斜于另外两投影面的直线称为投影面平行线，包括正平线、水平线和侧平线。

3. 与三个投影面都倾斜的直线称为一般位置直线。

【课后作业】

习题册 §1–4，题 1、2。

<table>
<tr><td>课题</td><td colspan="4">平面的投影</td></tr>
<tr><td>授课时间</td><td colspan="2">年　　月　　日</td><td>学时</td><td>2</td></tr>
<tr><td>授课班级</td><td colspan="4"></td></tr>
<tr><td>教具</td><td colspan="4">多媒体设备、绘图工具、A4 幅面绘图纸（每位学生各一张）。</td></tr>
<tr><td>教学目标</td><td colspan="4">掌握平面的投影特性，能绘制各种位置平面的三面投影。</td></tr>
<tr><td>教学重点</td><td colspan="4">平面的投影特性。</td></tr>
<tr><td>教学难点</td><td colspan="4">平面的投影特性。</td></tr>
<tr><td colspan="2">教学内容</td><td colspan="2">教学内容</td><td>学生活动</td></tr>
<tr><td colspan="2">【新课教学】
根据平面相对于投影面的位置不同，可将平面分为投影面平行面、投影面垂直面和一般位置平面三种。
1. 投影面平行面
（1）在所平行的投影面上的投影反映实形，即具有真实性。
（2）在所垂直的两个投影面上的投影积聚成横线或竖线，即具有积聚性。
2. 投影面垂直面
（1）在所垂直的投影面上的投影积聚成斜线，即具有积聚性。
（2）在所倾斜的两个投影面上的投影为原实形的类似形。
3. 一般位置平面
一般位置平面的三面投影皆为原实形的类似形。
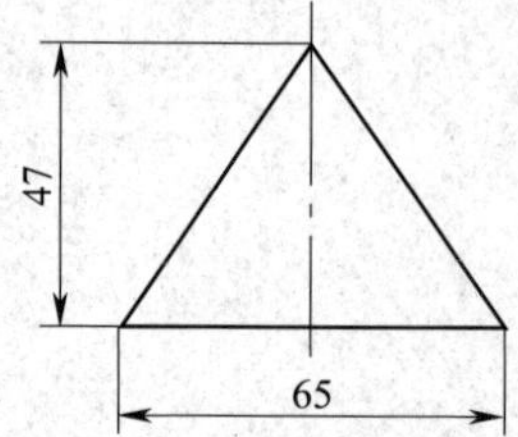
</td><td colspan="2">展示教材表 1–13，讲解各种位置平面的概念
展示教材图 1–34，指导学生分析形体结构
展示教材表 1–14，指导学生分析各种投影面平行面的投影特性
展示教材表 1–15，指导学生分析各种投影面垂直面的投影特性
展示教材图 1–35a，分析平面与投影面的关系
展示教材图 1–35b，指导学生分析三角形的三面投影</td><td>分析平面与投影面的关系
分析教材图 1–34 所示形体中平面与投影面的关系
将图纸裁剪成教材表 1–14 所示的三角形，按表中位置摆放，分析投影特性
用课本摆放出教材表 1–15 所示平面的位置，分析投影特性
用图纸裁剪一个等腰三角尺，按教材图 1–35 摆放，分析投影特性
分析三角形上三条边的投影</td></tr>
</table>

<table>
<tr><th>教学内容</th><th>教学内容</th><th>学生活动</th></tr>
<tr><td>【应用举例】
分析正四面体各表面的名称。</td><td>展示教材图 1–36，指导学生进行形体分析、面分析、线分析和点分析</td><td>对照立体图看三视图，分析形体上各个表面的三面投影，判定各个表面的名称
分析形体上各条棱线的投影，判定其名称
分析形体上各个顶点的投影</td></tr>
<tr><td colspan="3">【课堂小结】
1. 平行于某投影面的平面称为投影面平行面，包括正平面、水平面和侧平面。
2. 垂直于某投影面，倾斜于另外两投影面的平面称为投影面垂直面，包括正垂面、铅垂面和侧垂面。
3. 与三个投影面都倾斜的平面称为一般位置平面。</td></tr>
<tr><td colspan="3">【课后作业】
习题册 §1–3，题 3、4。</td></tr>
</table>

§1-5 基本几何体的三视图

课题	基本几何体的三视图		
授课时间	年 月 日	学时	3
授课班级			
教具	多媒体设备、基本几何体模型、绘图工具、A4 幅面绘图纸（每位学生各一张）。		
教学目标	1. 掌握基本几何体三视图的绘制方法。 2. 能根据简单形体的两视图，补画三视图。		
教学重点	基本几何体三视图的投影特性。		
教学难点	根据简单形体的两视图，补画三视图。		

教学内容	教师活动	学生活动
【教学引入】 各种复杂的物体都可以看作是由一些基本几何体组合而成的。	展示教材图 1–37，指导学生分析基本几何体的结构	说出图中基本几何体的名称，分析其上的面和线
【新课教学】 一、正六棱柱 1. 正六棱柱的三视图 正方棱柱由顶面、底面和六个侧面组成。 顶面和底面为正六边形 棱线互相平行且与底面和顶面垂直 六个侧面为全等的矩形	展示教材图 1–38，指导学生分析正六棱柱的结构 展示教材图 1–39 和图 1–40，分析正六棱柱三视图的投影特性	分析正六棱柱各表面的形状、名称以及各棱线的种类 分析正六棱柱各表面和各棱线的投影
2. 正六边形的画法 （1）绘制辅助圆。 （2）找到正六边形顶点。 （3）连接正六边形各顶点。	指导学生绘制正六边形	绘制正六边形

<table>
<tr><th>教学内容</th><th>教师活动</th><th>学生活动</th></tr>
<tr><td>**二、正四棱锥**
正四棱锥由一个底面和四个侧面组成。
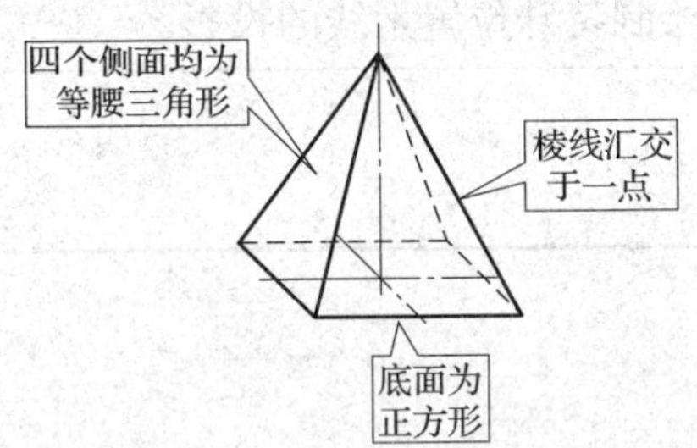

三、圆柱
圆柱面是由一条直线（母线）绕着与它平行的一条轴线旋转一周形成的。
母线在任一位置时称为素线。
圆柱由一个圆柱面以及圆形的顶面和底面组成，在该圆柱面上有四条特殊位置素线，分别是最前素线、最后素线、最左素线、最右素线。
四、圆锥
圆锥面是由一条与轴线相交的直母线，绕轴线旋转一周形成的。
在圆锥面上有四条特殊位置素线，分别是最前素线、最后素线、最左素线、最右素线。
五、球
球面是由一个半圆（母线）绕通过圆心的轴线旋转一周形成的。
球面上有三条特殊位置的素线圆，分别是前、后半球分界圆，左、右半球分界圆，上、下半球分界圆。
【应用举例】
构思形体，补画视图。</td><td>展示教材图 1–41，指导学生分析正四棱锥的结构
展示教材图 1–42 和图 1–43，分析正四棱锥三视图的投影特性
展示教材图 1–44，介绍圆柱面的形成过程，解释母线、素线的相关概念
展示教材图 1–45 和图 1–46，分析圆柱三视图的投影特性
展示教材图 1–47，介绍圆锥面的形成过程
展示教材图 1–48 和图 1–49，分析圆锥三视图的投影特性
展示教材图 1–50，介绍球面的形成过程
展示教材图 1–51 和图 1–52，分析球三视图的投影特性
展示教材图 1–53，说明题目要求
讲评学生所绘制的视图</td><td>分析正四棱锥各表面的形状、名称以及各棱线的种类
分析正四棱锥各表面和各棱线的投影
观看动画，了解圆柱面的形成过程，掌握母线和素线的概念
找出四条特殊位置素线在三视图上的投影，分析圆柱的三面投影
观看动画，了解圆锥面的形成过程
找出四条特殊位置素线在三视图上的投影，分析圆锥的三面投影
观看动画，了解球面的形成过程
找出三条特殊位置素线圆在三视图上的投影，分析球面的三面投影
小组讨论已知视图，想象形体结构，补画视图，以小组为单位展示图形</td></tr>
</table>

<table>
<tr><th>教学内容</th><th>教师活动</th><th>学生活动</th></tr>
<tr><td colspan="3">【课堂小结】
1. 绘制六棱柱、四棱锥的三视图，实际上是绘制各可见棱线的投影。
2. 绘制圆柱、圆锥和球的三视图时，要注意绘制特殊位置素线的投影。</td></tr>
<tr><td colspan="3">【课后作业】
习题册 §1-5，题 1 ~ 5。</td></tr>
</table>

§1-6 圆柱的截割与相贯

<table>
<tr><td>课题</td><td colspan="4">圆柱的截割与相贯</td></tr>
<tr><td>授课时间</td><td>年　月　日</td><td>学时</td><td colspan="2">2</td></tr>
<tr><td>授课班级</td><td colspan="4"></td></tr>
<tr><td>教具</td><td colspan="4">多媒体设备、圆柱模型、绘图工具。</td></tr>
<tr><td>教学目标</td><td colspan="4">1. 掌握截交线的概念，能绘制圆柱的截交线。
2. 掌握相贯线的概念，能绘制圆柱的相贯线。</td></tr>
<tr><td>教学重点</td><td colspan="4">圆柱截交线和相贯线的类型。</td></tr>
<tr><td>教学难点</td><td colspan="4">绘制圆柱的截交线和相贯线。</td></tr>
<tr><td colspan="2">教学内容</td><td colspan="2">教师活动</td><td>学生活动</td></tr>
<tr><td colspan="2">【教学引入】

【新课教学】
一、圆柱的截割
平面截割曲面立体而产生的交线称为截交线。
【应用举例】
绘制专用垫圈上的截交线。

【教学引入】

a）　b）</td><td colspan="2">展示教材图 1–58，分析十字滑块联轴器的中间圆盘的形成过程

展示教材表 1–17 中平面截割圆柱的立体图
展示教材表 1–17 中截交线的投影图
展示教材图 1–59，分析形体结构
展示教材图 1–61，分析两条相贯线的形状</td><td>找出教材图 1–58 上各平面与圆柱面的交线

分析圆柱截交线的形状

找出截交线的三面投影
在教材图 1–59 上绘制截交线
思考相贯线在什么情况下投影为圆</td></tr>
</table>

<table>
<tr><th>教学内容</th><th>教师活动</th><th>学生活动</th></tr>
<tr><td>二、圆柱的相贯
1. 圆柱相贯线的形状
一般情况下，两圆柱相贯的相贯线是一条封闭的空间曲线。</td><td>展示教材表 1–19 的立体图
分析两相贯圆柱的直径对相贯线形状的影响，强调两等径圆柱相贯的相贯线为椭圆
展示教材表 1–19 的三视图</td><td>分析圆柱相贯线的立体图，思考圆柱相贯线在三视图上投影成什么线</td></tr>
<tr><td>2. 常见圆柱穿孔的相贯线
圆柱穿孔时的相贯线的形状见教材表 1–20。
【应用举例】
补画相贯线。</td><td>将教材表 1–20 的三视图绘制在黑板上（不画相贯线）
教师讲解用圆规绘制相贯线的方法</td><td>分析相贯线在三视图上的投影
小组讨论缺少了哪些轮廓线，并派代表到黑板上补线</td></tr>
<tr><td colspan="3">【课堂小结】
1. 展示教材表 1–17，总结三种圆柱截交线的形状和投影。
2. 展示教材表 1–19，总结三种圆柱相贯线的形状和投影。
3. 展示教材表 1–20，总结圆柱穿孔时的相贯线的画法。</td></tr>
<tr><td colspan="3">【课后作业】
习题册 §1–6，题 1 ~ 3。</td></tr>
</table>

§1-7　组合体的三视图

<table>
<tr><td>课题</td><td colspan="3">绘制组合体的三视图</td></tr>
<tr><td>授课时间</td><td>年　　月　　日</td><td>学时</td><td>2</td></tr>
<tr><td>授课班级</td><td colspan="3"></td></tr>
<tr><td>教具</td><td colspan="3">多媒体设备、基本几何体模型、绘图工具、A4 幅面绘图纸（每位学生各一张）。</td></tr>
<tr><td>教学目标</td><td colspan="3">1. 掌握组合体的概念，能正确分析组合体的构成。
2. 能熟练绘制和识读组合体的三视图。</td></tr>
<tr><td>教学重点</td><td colspan="3">绘制组合体三视图的方法。</td></tr>
<tr><td>教学难点</td><td colspan="3">绘制切割类组合体的三视图。</td></tr>
<tr><td colspan="2">教学内容</td><td>教师活动</td><td>学生活动</td></tr>
<tr><td colspan="2">【教学引入】
任何复杂的零件都可以看成是由若干基本几何体组合而成的。
由两个或两个以上的基本几何体组成的形体称为组合体。
【新课教学】
一、绘制组合体的三视图
先绘主要部分，后绘次要部分；先绘大形体，后绘小结构；先绘可见部分，后绘不可见部分；先绘特殊位置直线（平面），后绘一般位置直线（平面）；三个视图要同时绘制，不要先画完主视图再画其他视图。
1. 绘制叠加类组合体的三视图（叠加法）
首先要对组合体进行形体分析，将组合体分解成几个简单的基本形体。然后，逐个画出各个基本形体的三视图。最后，分析各基本形体之间的相对位置和连接关系，擦去不必要的线，完成三视图。</td><td>展示教材表 1–22，讲解叠加类组合体、切割类组合体和综合类组合体的概念

讲解绘制组合体三视图的原则，要让学生明白这个原则不是强制性的，但是对保证绘图的正确性很重要

结合教材图 1–63 讲解叠加类组合体是将组合体看成由多个基本几何体叠加而成</td><td>分析三类组合体的形成过程</td></tr>
</table>

教学内容	教师活动	学生活动
（1）分析形体 支承座可分解为平板、肋板、连接板和竖板（两块）5 个基本形体。	展示教材图 1–63，指导学生分析形体 展示教材图 1–64，指导学生验证自己的分析	将形体分解成长方体或三棱柱 分析各基本形体之间的关系
（2）绘制视图 先绘制三视图的基准线，然后逐一绘制连接板、平板、竖板和肋板的三视图，最后检查校核、描深图线。	强调绘图步骤，在黑板上绘制支承座的三视图 检查学生绘图情况，纠正学生的绘图错误	跟随教师在 A4 纸上绘制支承座的三视图
2. 绘制切割类组合体的三视图（切割法） 绘制切割类组合体的三视图前，要分析形体的切割过程。绘图时，首先绘制切割前基本形体的形状，然后按照切割过程逐步绘制切割后形体的三视图。	结合教材图 1–65 讲解切割类组合体一般是将组合体看成由一个长方体切割而成	
（1）分析形体 支座是由长方体经过一系列切割而形成的。	展示教材图 1–65，指导学生分析形体 展示教材图 1–66，指导学生验证自己的分析	分析教材图 1–65 所示支座的切割过程
（2）绘制三视图 先绘制切割前基本几何体的三视图，然后根据切割步骤绘制相应的视图。	强调绘图步骤，在黑板上绘制支座的三视图 检查学生绘图情况，纠正学生的绘图错误	跟随教师在 A4 纸上绘制支座的三视图
【应用举例】 绘制综合类组合体的三视图。		

<table>
<tr><th>教学内容</th><th>教师活动</th><th>学生活动</th></tr>
<tr><td>1. 分析形体
座体由两个长方体叠加而成，在形体的后面开半圆通槽，中间开矩形槽。
2. 绘制三视图
综合类组合体大都以叠加为主，绘制其三视图可采用“先叠加，后切割”的方法。</td><td>展示教材图 1–67，指导学生分析形体结构
强调“先叠加，后切割”，指导学生绘制三视图
讲评学生作业</td><td>分析形体的形成过程
制定绘图步骤
绘制座体的三视图</td></tr>
<tr><td colspan="3">【课堂小结】
1. 绘制叠加类组合体三视图时，要将组合体分解成几个简单的基本形体，逐个画出各基本形体的三视图。
2. 绘制切割类组合体三视图时，首先绘制切割前基本形体的形状，然后按照切割过程依次绘制切割后形体的三视图。
3. 绘制综合类组合体三视图时，要“先叠加，后切割”。</td></tr>
<tr><td colspan="3">【课后作业】
习题册 §1–7，题 1 ～ 4。</td></tr>
</table>

<table>
<tr><td>课题</td><td colspan="3">识读组合体的三视图</td></tr>
<tr><td>授课时间</td><td>年　　月　　日</td><td>学时</td><td>2</td></tr>
<tr><td>授课班级</td><td colspan="3"></td></tr>
<tr><td>教具</td><td colspan="3">多媒体设备、模型、绘图工具。</td></tr>
<tr><td>教学目标</td><td colspan="3">1. 了解读图的基本要领。
2. 掌握形体分析法和线面分析法。</td></tr>
<tr><td>教学重点</td><td colspan="3">形体分析法和线面分析法。</td></tr>
<tr><td>教学难点</td><td colspan="3">线面分析法。</td></tr>
<tr><td colspan="2">教学内容</td><td>教师活动</td><td>学生活动</td></tr>
<tr><td colspan="2">【教学引入】 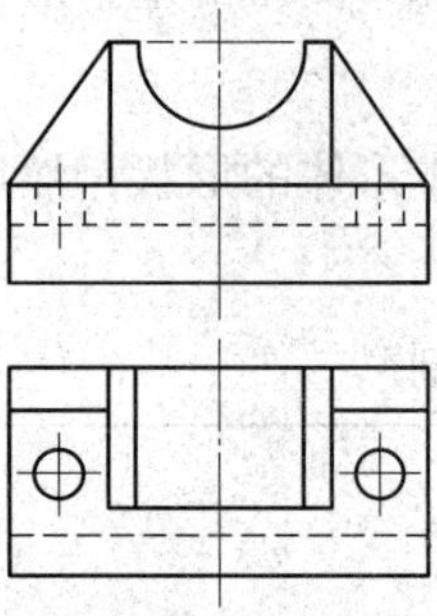</td><td>展示教材图 1–71，提出问题：如何看懂复杂的三视图？让学生带着问题开始学习</td><td>小组讨论教材图 1–71 两视图所表达的结构，找出看不懂的地方</td></tr>
<tr><td colspan="2">【新课教学】
二、识读组合体的三视图
1. 读图的基本要领
（1）要把几个视图联系起来识读。 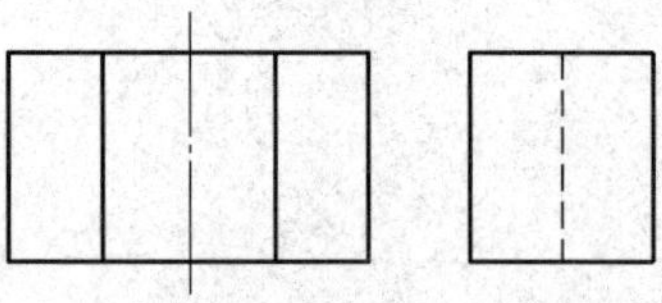
主视图　左视图 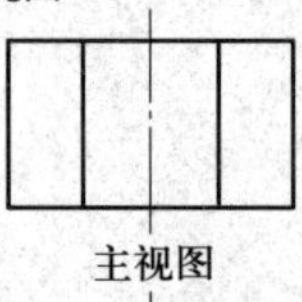
主视图 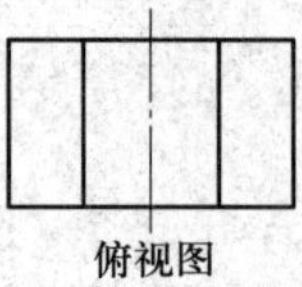
俯视图</td><td>展示两视图，让学生构思形体，补画第三视图
根据学生构思的形体，总结出结论：在某些情况下，两个视图并不能唯一确定物体的形状</td><td>根据两视图，至少想象出两个形体</td></tr>
<tr><td colspan="2">（2）读图时要抓特征视图。
形状特征视图是指最能反映物体形状的视图。</td><td>展示教材图 1–68，提出问题：哪个视图反映物体的形状最明显</td><td></td></tr>
</table>

教学内容	教师活动	学生活动
	解释形状特征视图的概念，强调看图时要首先找出能反映结构的形状特征的视图	找出反映物体形状特征最明显的视图
位置特征视图是指最能反映组合体各形体间相互位置关系的视图。	展示教材图1-69a，提出问题：主、俯视图能否确定物体的结构形状 解释位置特征视图的概念，强调看组合体视图时，要找能反映位置特征的视图，通过位置特征视图分析各基本形体之间的相对位置关系	根据主、俯视图想象物体的结构形状
（3）读组合体的视图时，应遵循以下读图基本原则： 1）先看主要部分，后看次要部分。 2）先看容易看懂的部分，后看难以确定的部分。 3）先看整体形状，后看细小结构。 4）先看外部结构，后看内部形状。	解释各项读图原则的含义 主要部分是零件起主要作用的结构，看主要部分容易理解结构的用途 先易后难能降低看图的难度 先看整体部分可以让读图者先对零件有一个整体印象 先看外部结构是因为一般情况下外部结构比较容易看懂	

教学内容	教师活动	学生活动
2. 识读叠加类组合体的视图（形体分析法） （1）形体分析法 从最能反映物体形状和位置特征的视图入手，将复杂的视图按线框分成几个部分；然后运用三视图的投影规律，找出各线框所表达的部分在其他视图上的投影，从而分析各组成部分的形状和它们之间的位置；最后综合起来，想象组合体的整体形状。	结合教材图1–71，解释形体分析法的概念，让学生首先对形体分析法有一个初步印象	
（2）读图方法和步骤 1）按线框分部分。 2）对投影，想形状。 3）综合想象整体形状。	指导学生找到特征视图，并按线框将组合体分解成几个基本形体 分析各个基本形体的结构 分析各个基本形体之间的相对位置关系	看图说明物体的形状结构，并绘制立体图（草图） 纠正所绘立体图上的错误 根据主、俯视图绘制左视图
3. 识读切割类组合体的视图（线面分析法） （1）线面分析法 假想把物体分解成点、线、面，运用点、线、面的投影特性，分析视图中线条、线框的含义和空间位置。 （2）读图方法和步骤 1）首先想象出未切割之前的形体。	展示教材图1–72，提出问题：该形体是如何形成的？是由几个基本形体叠加而成的吗？能否用形体分析法分析这类图形 解释线面分析法的含义和用途 指导学生分析定位挡块的主、左视图	思考教材图1–72所表达的形体结构，回答教师的提问 分析形体的形成过程 绘制长方体切割前的俯视图

教学内容	教师活动	学生活动
2）在形体前上方用侧垂面割去一个三棱柱。 3）绘制用两个正垂面和一个水平面开槽后的俯视图。	检查学生绘制的图形，强调要根据投影规律绘图 分析主、左视图上与割三棱柱有关的轮廓线 指导学生先分析凹槽底面的投影 分析凹槽侧面（正垂面）与切割三棱柱的侧垂面之间的交线，特别注意分析交线两个端点在主、左视图上的投影	绘制切割三棱柱后的俯视图 绘制凹槽底面的俯视图 根据交线两个端点的已知投影求出其在俯视图上的投影，并连线 通过分析三视图上相邻两平面之间的交线的投影和各平面的投影，检验所绘制的俯视图是否正确
4）检查校核。 5）综合想象形体的整体形状。	指导学生检查所绘制的图形是否正确，绘制的图形是否符合投影规律	
【应用举例】 补画机用虎钳活动钳身三视图中漏画的图线。 1. 补画大、小长方体之间交线的水平投影和侧面投影。 2. 补画中间阶梯孔的侧面投影。 3. 补画小半圆柱在主视图上漏画的图线。	强调补线的步骤是先分析三视图，了解物体的大致结构。补画视图时，先补画比较明显的漏线和整体漏画的某些结构的投影，然后分析各形体的投影和各表面之间交线的投影 引导学生分析右侧大、小长方体之间交线的投影	补画比较明显的漏绘图线 在教师引导下补画图线

<table>
<tr><th>教学内容</th><th>教师活动</th><th>学生活动</th></tr>
<tr><td>4. 检查与校核。</td><td>让学生通过分析俯视图想象结构形状，找到主视图上漏画的图线
漏画图线是常见的绘图错误，要引导学生对三视图进行认真校核</td><td></td></tr>
<tr><td colspan="3">【课堂小结】
1. 读图时要把几个视图联系起来识读，注意抓特征视图。
2. 读图时，应遵循“先主后次，先易后难，先整体后细小，先外后内”的原则。
3. 形体分析法是将组合体分解成几个简单的基本形体，线面分析法是把物体分解成点、线、面。前者适用于分析叠加类组合体，后者适用于切割类组合体。
4. 无论是补画视图还是补画缺线，反复校核是纠正错误的最佳方法。</td></tr>
<tr><td colspan="3">【课后作业】
习题册 §1–7，题 5 ~ 10。</td></tr>
</table>

§1-8　尺寸标注

课题	尺寸标注		
授课时间	年　　月　　日	学时	2
授课班级			
教具	多媒体设备、模型、绘图工具。		
教学目标	1. 掌握尺寸的组成及常见尺寸注法。 2. 能标注简单形体的尺寸。 3. 能识读组合体三视图上的尺寸。		
教学重点	1. 尺寸的组成及常见尺寸注法。 2. 识读组合体三视图上的尺寸。		
教学难点	标注简单形体的尺寸。		

教学内容	教师活动	学生活动
【教学引入】	展示教材图 1-81，说明图形只能表达物体的形状，而其大小则由尺寸来确定	
【新课教学】 **一、尺寸的组成** 1. 尺寸界线 尺寸界线用细实线绘制，它由图形的轮廓线、对称中心线、轴线等处引出，也可利用轮廓线、轴线、对称中心线作为尺寸界线。	展示教材图 1-76，解释图中标注的尺寸，以尺寸“54”为例分析尺寸的组成	分析尺寸“54”的组成，找出其尺寸界线 分析教材图 1-76 中各个尺寸的尺寸界线

教学内容	教师活动	学生活动
	解释尺寸界线是用来指示尺寸的起点和终点 举例说明尺寸界线的画法	
2. 尺寸线 尺寸线也用细实线绘制，不能用其他图线代替，一般也不得与其他图线重合或画在其他图线延长线上。 尺寸线的终端有箭头和斜线两种形式。	结合教材图 1–76，强调尺寸线的“三不”原则 展示教材图 1–77，介绍箭头的画法，强调箭头长度和宽度的比例 介绍斜线终端形式的画法，强调在标注小尺寸时可以用斜线终端形式	读懂教材图 1–76 中的尺寸 按照标准规定的尺寸要求绘制箭头
3. 尺寸数字 （1）线性尺寸一般以 mm 为单位，在图中不标注单位代号；角度尺寸数字一般以“°”“′”“″”为单位，需要在数字上角标单位代号。 （2）尺寸数字不允许被任何图线所穿过，当无法避免时，可将图线在尺寸数字处断开。	展示教材图 1–78，强调线性尺寸不标单位代号，角度尺寸标注单位代号 强调尺寸数字如果被图线穿过，会被误读成两个尺寸，因此尺寸应尽量避开图线，无法避开时断开图线 强调尺寸数字沿着尺寸线自左至右或自下至上书写	

教学内容	教师活动	学生活动
二、尺寸标注示例 1. 常见尺寸注法 （1）线性尺寸 （2）角度尺寸 尺寸界线按径向引出，尺寸线绘制成圆弧，圆心是角的顶点。	展示教材表 1–30，介绍如何避免在“30°”范围内标注尺寸，强调标注尺寸不能产生歧义 强调国家标准规定角度尺寸的尺寸数字应水平书写	
（3）直径尺寸 直径尺寸加注“ϕ”，大于半圆的圆弧应标直径。	说明圆弧是标注直径还是标注半径，与加工方法和圆弧结构的用途有关	
（4）半径尺寸 标注圆弧半径时，应在尺寸数字前加注符号“*R*”，尺寸线上的单箭头指向圆弧。	强调半径尺寸只绘制一个箭头	
（5）小尺寸 小尺寸的尺寸数字可以标注在尺寸界线的外侧，也可以引出标注。	结合图例分析小尺寸的尺寸标注形式，特别是圆点和斜线形式	
2. 基本几何体的尺寸标注 （1）平面立体的尺寸标注 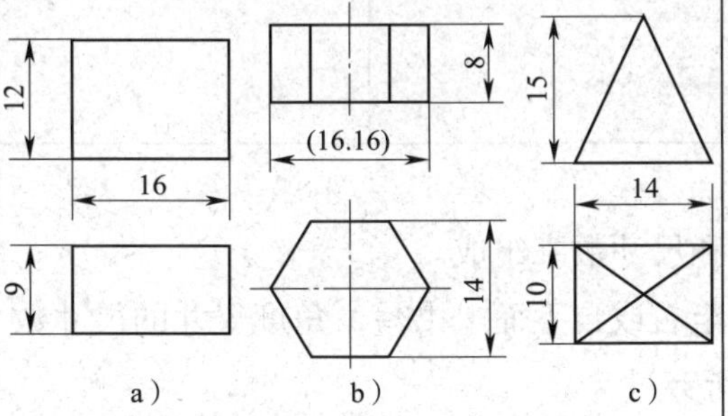 a）　b）　c）	展示教材图 1–79，提出问题：确定长方体、六棱柱、四棱锥的大小需要哪些尺寸	分析确定长方体、六棱柱、四棱锥的大小所需要的尺寸
（2）曲面立体的尺寸标注 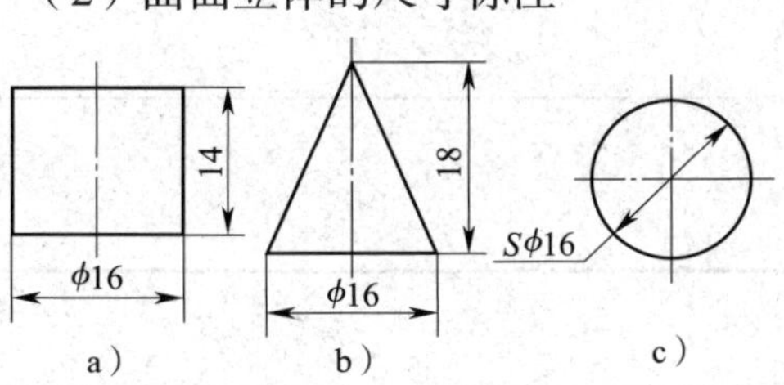 a）　b）　c）	引导学生分析教材图 1–80，提出问题：一个图形能否表达圆柱、圆锥和球的形状	分析确定圆柱、圆锥和球的大小所需要的尺寸

教学内容	教师活动	学生活动
三、组合体的尺寸分类 1. 定形尺寸 确定各基本形体大小的尺寸称为定形尺寸。 2. 定位尺寸 确定形体间相对位置的尺寸称为定位尺寸。	展示教材图 1–81，讲解定形尺寸和定位尺寸的概念	找出教材图 1–81 中的定形尺寸和定位尺寸，分析其作用
【应用举例】 识读轴承座三视图中的尺寸。 1. 识读底板的尺寸 底板的定形尺寸有“58”“34”“10”“2×ϕ10”，定位尺寸有“38”“24”。 2. 识读支承板的尺寸 支承板的定形尺寸有“R17”“ϕ20”“12”，定位尺寸有“32”。 定形尺寸和定位尺寸的划分并不是绝对的，在许多情况下，一个尺寸同时具有定形和定位两种作用。 3. 识读肋板的尺寸 肋板的长度尺寸“8”、高度尺寸“9”和宽度尺寸“15”。	展示教材图 1–82，指导学生分析形体结构和尺寸 分析尺寸“32”除确定圆孔位置的作用外，还间接确定了支承板的高度 解释未标注肋板的定位尺寸的原因	分析底板的结构，找出底板的定形尺寸和定位尺寸 分析支承板的结构，找出支承板的定形尺寸和定位尺寸 分析肋板的结构及尺寸标注

【课堂小结】

1. 一个完整的尺寸由尺寸界线、尺寸线和尺寸数字组成。

2. 线性尺寸的尺寸数字沿着尺寸线自左至右或自下而上书写，角度尺寸的尺寸数字水平书写，尺寸数字不允许被任何图线所穿过。

3. 确定各基本形体大小的尺寸称为定形尺寸，确定形体间相对位置的尺寸称为定位尺寸。

【课后作业】

习题册 §1–8，题 1 ~ 4。

第二章
机械图样的表达与识读

§2-1　机件的表达方法

课题	视图		
授课时间	年　月　日	学时	2
授课班级			
教具	多媒体设备、模型、绘图工具、A4 幅面绘画纸（每位学生各一张）。		
教学目标	1. 掌握基本视图、向视图、局部视图和斜视图的概念及相关规定。 2. 培养识读和绘制基本视图、向视图、局部视图和斜视图的能力。		
教学重点	掌握基本视图、向视图、局部视图和斜视图的概念及相关规定。		
教学难点	培养识读和绘制基本视图、向视图、局部视图和斜视图的能力。		

教学内容	教师活动	学生活动
【教学引入】 用三视图来表达形体有何局限性？如何表达形体右面、下面和后面的结构？如何表达局部结构？如何表达倾斜的结构？ 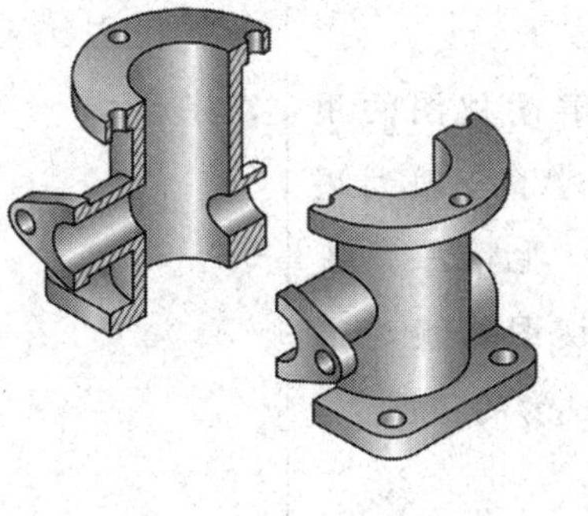	展示教材图 2-5b，分析用三视图表达形体的局限性。引导学生分析，采用什么方法表达形体才能做到准确、清晰、简洁	结合教师分析得出以下结论：用三视图表达简单形体显得烦琐和重复，表达复杂形体则不够充分；三视图对形体后面、右面、下面的结构表达不清；一般位置平面和投影面的垂直面的形状不容易表达清楚

教学内容	教师活动	学生活动
【新课教学】 一、视图 1. 基本视图 （1）基本视图的概念 将物体分别向前、后、左、右、上、下六个基本投影面投射，即得到六个基本视图，除主视图、左视图、俯视图外，还有右视图、仰视图、后视图。 右视图：物体由右向左投射所得的视图。 仰视图：物体由下向上投射所得的视图。 后视图：物体由后向前投射所得的视图。 （2）六个基本投影面的展开 （3）六个基本视图的投影规律 主、俯、仰、后视图长对正。 主、左、右、后视图高平齐。 俯、左、右、仰视图宽相等。 基本视图一般只画出机件的可见部分，必要时才画出其不可见部分。 2. 向视图 自由配置的视图称为向视图。应在向视图的上方标注大写拉丁字母，在相应视图的附近用箭头指明投射方向，并标注相同的字母。	展示教材图2-1的配套动画，讲解右视图、仰视图和后视图的概念 在黑板上演示六个基本视图的绘图过程 引导学生分析六个基本视图的投影规律 介绍向视图的概念，解释向视图的标注方法 讲解向视图的用途是为了合理利用图纸，把第三角投影的视图转换为第一角投影的视图	分析右视图、仰视图和后视图上能看见哪些面？哪些面投影为直线 根据教材图2-1绘制右视图、仰视图和后视图 依据投影规律检查所绘的六个基本视图 了解向视图标注的内容包括投射方向、视图名称、拉丁字母

教学内容	教师活动	学生活动
3. 局部视图 将机件的某一部分向基本投影面投射所得到的视图称为局部视图。 （1）波浪线画法 局部视图一般用波浪线表示断裂部分的边界；当所表达的局部结构外轮廓呈完整的封闭图形时，波浪线省略不画。 （2）标注问题 局部视图按基本视图的配置形式配置时，可不必标注；如果按向视图的配置形式自由配置，应按向视图的标注形式进行标注。 4. 斜视图 将机件的局部向不平行于任何基本投影面的平面投射所得的视图称为斜视图。 （1）斜视图的标注 按向视图的形式标注。 （2）斜视图的旋转摆正 斜视图标注的大写拉丁字母应靠近旋转符号的箭头端。	展示教材图2–5的主、俯视图，提出问题：如何表达该形体？用左视图和右视图表达左、右两侧的凸台可以吗？有何局限性 提出问题：局部视图的特点是什么 提出问题：局部视图为何要画波浪线，什么情况可以省略 提出问题：局部视图在何时标注？标注局部视图、向视图的目的是什么 展示教材图2–6的配套动画，分析斜视图的投射过程 提出问题：按投影规律绘制的斜视图，其中心线和轮廓线有何特点	分析阀体结构，总结用基本视图表达凸台的局限性 总结局部视图的特点：断裂处画波浪线；明确投射方向，让读者看懂视图之间的关系 绘制教材图2–5 *B* 向局部视图 分析斜视图与局部视图、向视图的异同：斜视图和局部视图都是机件局部的投影；斜视图和局部视图都要标注投射方向和字母

【课堂小结】

1. 右视图是物体由右向左投射所得的视图；仰视图是物体由下向上投射所得的视图；后视图是物体由后向前投射所得的视图。

2. 向视图是自由配置的视图，应标注投射方向及向视图名称。

3. 局部视图是机件的局部向基本投影面投射所得的视图。

4. 斜视图是机件的局部向非基本投影面投射所得的视图。

5. 局部视图和斜视图的断裂处画波浪线；当局部视图外轮廓封闭时，不画波浪线。

【课后作业】

习题册 §2–1，题 1 ~ 5。

<table>
<tr><td>课题</td><td colspan="3">剖视图的形成和种类</td></tr>
<tr><td>授课时间</td><td>年　　月　　日</td><td>学时</td><td>2</td></tr>
<tr><td>授课班级</td><td colspan="3"></td></tr>
<tr><td>教具</td><td colspan="3">多媒体设备、模型、绘图工具。</td></tr>
<tr><td>教学目标</td><td colspan="3">1. 掌握剖视图的概念，了解剖视图的标注。
2. 掌握金属材料剖面符号的画法，了解其他材料剖面符号的画法。
3. 掌握全剖视图、半剖视图和局部剖视图的概念和画法。
4. 初步培养绘制剖视图的能力。</td></tr>
<tr><td>教学重点</td><td colspan="3">1. 剖视图的形成。
2. 全剖视图、半剖视图和局部剖视图的概念和画法。</td></tr>
<tr><td>教学难点</td><td colspan="3">全剖视图、半剖视图和局部剖视图的画法。</td></tr>
<tr><td colspan="2">教学内容</td><td>教师活动</td><td>学生活动</td></tr>
<tr><td colspan="2">【教学引入】
通过前面的学习，分析用细虚线表达零件内部结构的局限性。 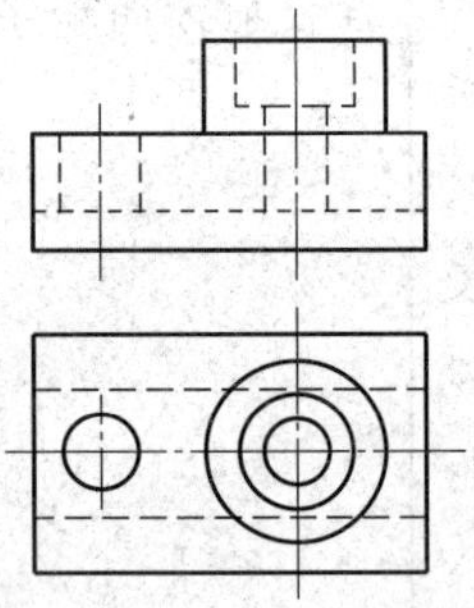</td><td>展示左侧三视图，引导学生分析用细虚线表达不可见结构的局限性</td><td>分析图形得出结论：图线杂乱，重叠的结构很难区分其方位关系</td></tr>
<tr><td colspan="2">【新课教学】
二、剖视图
1. 剖视图的形成与标注
（1）剖视图的形成
假想用剖切面剖开物体，将处于观察者和剖切面之间的部分移去，将其余部分向投影面投射所得的图形称为剖视图。</td><td>展示教材图2–8配套动画，分析剖视图的形成过程</td><td>观看动画，分析教材图2–8，理解剖视图的形成过程</td></tr>
</table>

教学内容	教师活动	学生活动
1）剖切平面后的可见轮廓应全部画出，不可只画剖切断面的形状。 2）当物体的一个视图画成剖视图时，其他视图仍应完整画出。 （2）剖面符号 剖面线用细实线绘制，一般与主要轮廓线或剖面区域的对称中心线成45°角，且互相平行、间隔均匀。 （3）剖视图的标注 剖视图标注的三要素：剖切位置、投射方向、剖视图名称。 2. 剖视图的种类及画法 （1）全剖视图 用剖切面完全地剖开物体所画的剖视图称为全剖视图。 1）肋板处不画剖面符号。 2）均匀分布的肋和孔要旋转到剖切平面画出。 （2）半剖视图 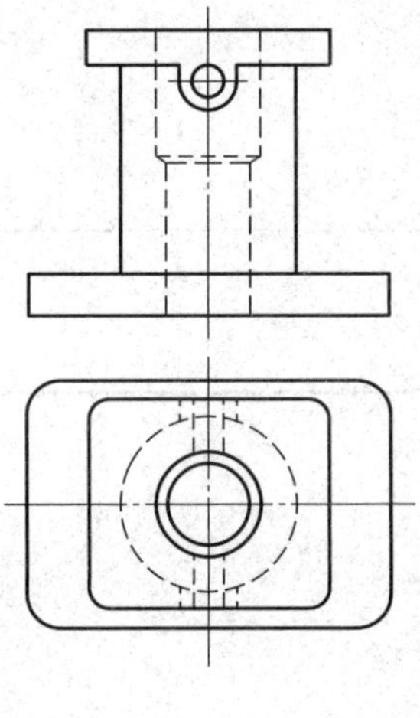	强调细虚线的画法规定 强调剖面线要均匀 讲解标注内容，强调剖切符号用粗实线表示，箭头线用细实线绘制，字母要大写 引导学生分析全剖视图的特点 展示教材图2–10配套动画，分析形体结构，讲解全剖视图画法规定 解释绘图原则：不引起歧义、简单、清晰 分析结构特点，提出问题：如何在主视图上同时表达外形和内部结构 展示教材图2–11的配套动画，讲解半剖视图的形成过程及其概念，强调半剖视图是半个视图和半个剖视图的组合，且主视图上的细虚线应该省略	掌握剖视图的绘图原则，牢记细虚线的画法规定 总结全剖视图的特点：能很好地表达内部形状，但是外部形状，特别是剖切平面前面的结构无法表达 总结均布孔的画法 讨论教师提出的问题 观看动画，讨论主视图中间的图线应该画粗实线还是细点画线

<table>
<tr><th>教学内容</th><th>教师活动</th><th>学生活动</th></tr>
<tr><td>当物体具有对称平面时，向垂直于对称平面的投影面上投射所得图形，以对称中心线为界，一半画成剖视图，另一半画成视图，这种图形称为半剖视图。
（3）局部剖视图
用剖切面局部地剖开物体而绘制的剖视图。
1）局部剖视图与视图以波浪线为界。
2）波浪线应画在实体上，不能画在中空处或超出图形轮廓线。
【课堂练习】
习题册 §2–1，题 9（1）。</td><td>展示教材图 2–13 配套动画，讲解局部剖视图的形成过程及其概念
重点讲解波浪线的画法，应画在机件的实体处
巡回指导学生绘图，及时发现学生绘图中存在的问题，针对典型错误进行分析，引导学生分析出现错误的原因</td><td>分析半剖视图与局部剖视图的异同
分析教材图 2–13 的波浪线
按题目要求绘制局部剖视图，特别注意波浪线的画法</td></tr>
<tr><td colspan="3">【课堂小结】
1. 金属材料的剖面线用 45° 细实线。
2. 剖面图标注的三要素包括剖切位置、投射方向、剖面图名称。
3. 剖视图分为全剖视图、半剖视图、局部剖视图。
4. 半剖视图的分界处不能画粗实线。
5. 局部剖视图的波浪线要画在实体上。</td></tr>
<tr><td colspan="3">【课后作业】
习题册 §2–1，题 6 ~ 9。</td></tr>
</table>

<table>
<tr><td>课题</td><td colspan="3">剖切面的种类</td></tr>
<tr><td>授课时间</td><td>年　　月　　日</td><td>学时</td><td>2</td></tr>
<tr><td>授课班级</td><td colspan="3"></td></tr>
<tr><td>教具</td><td colspan="3">多媒体设备、模型、绘图工具。</td></tr>
<tr><td>教学目标</td><td colspan="3">1. 掌握单一剖切平面、几个平行的剖切平面、几个相交的剖切平面的概念和画法。
2. 培养绘制剖视图的能力。</td></tr>
<tr><td>教学重点</td><td colspan="3">单一剖切平面、几个平行的剖切平面、几个相交的剖切平面的画法。</td></tr>
<tr><td>教学难点</td><td colspan="3">培养绘制剖视图的能力。</td></tr>
<tr><td colspan="2">教学内容</td><td>教师活动</td><td>学生活动</td></tr>
<tr><td colspan="2">【教学引入】 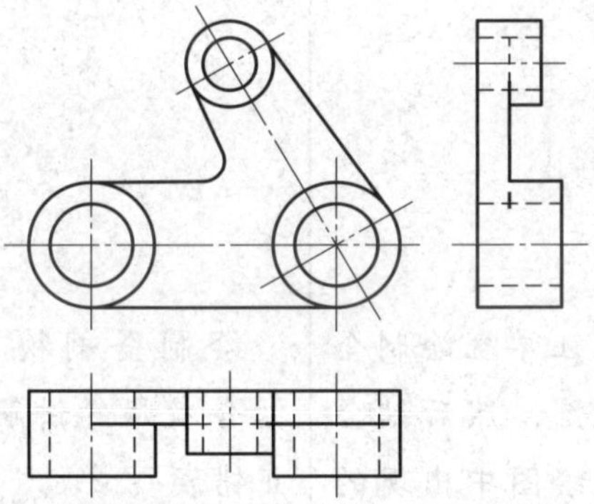</td><td>提出问题：如何清晰、准确地表达左图所示形体</td><td>分析左图所示形体的结构，思考如何表达三个圆筒的形状及相对位置</td></tr>
<tr><td colspan="2">【新课教学】
3. 剖切面的种类
（1）单一剖切平面
单一剖切平面可以平行于基本投影面，也可以不平行于基本投影面。
倾斜的剖视图可旋转放正，并按旋转方向标注旋转符号，表示剖视图名称的大写字母应靠近旋转符号的箭头端。
（2）几个平行的剖切平面
用两个或多个平行的剖切平面剖开物体，这种剖切平面称为几个平行的剖切平面。</td><td>展示教材图 2–14 配套动画，重点分析用投影面垂直面剖切连杆后得到的全剖视图的投影过程
讲解倾斜剖视图旋转放正的有关规定
展示教材图 2–15 的配套动画，强调不要画转折处的投影</td><td>分析用投影面垂直面剖切得到的剖视图有何特点
分析旋转放正的剖视图与斜视图的标注有何异同
分析在什么情况下采用几个平行的剖切平面剖开物体</td></tr>
</table>

教学内容	教师活动	学生活动
（3）几个相交的剖切平面 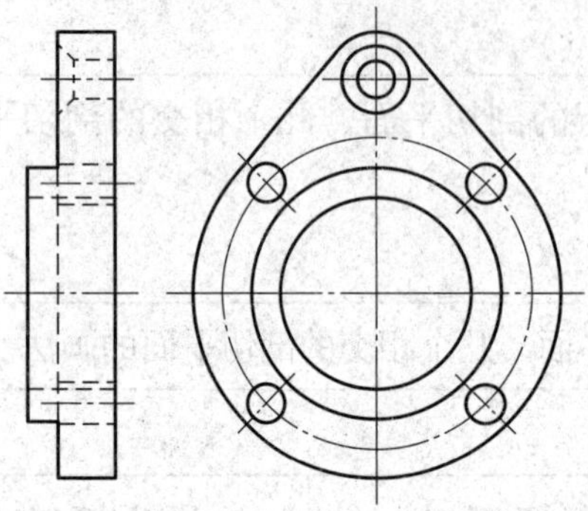 用一个正平面和一个侧垂面作为剖切平面，两剖切平面的交线与回转体的轴线重合，这种剖切平面称为几个相交的剖切平面。 倾斜剖切平面所剖到的结构应旋转到与选定的投影面平行后再进行投射。	提出问题：这个零件的主视图应采用何种剖切平面 展示教材图 2–16 的配套动画，强调应“先旋转，后投影”	分析结构，思考如何才能将全部的内部结构表达清楚 总结要“先旋转，后投影”的原因是为了防止轮廓线重叠
【应用举例】 将主视图改画成全剖视图。 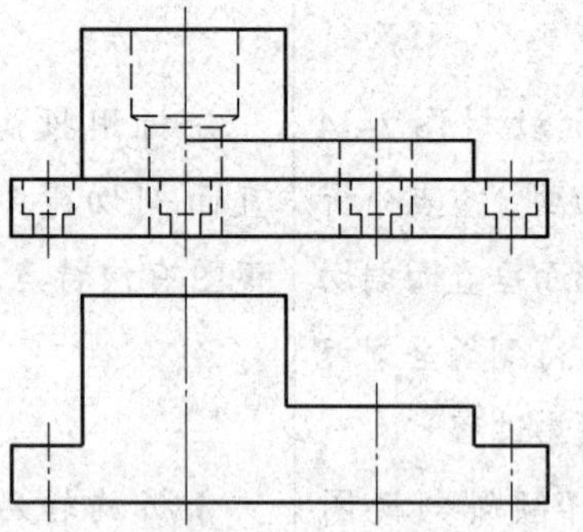	先让学生绘制全剖视图，然后结合学生绘图中出现的问题进行讲解	绘制全剖视图，结合教师的讲解纠正错误

【课堂小结】

1. 剖切平面分为单一剖切平面（有平行于基本投影面和不平行于基本投影面两种）、几个平行的剖切平面、几个相交的剖切平面。

2. 用几个相交的剖切平面剖切时，倾斜剖切平面所剖到的结构应“先旋转，后投影”。

【课后作业】

习题册 §2-1，题 6 ～ 12。

<table>
<tr><td>课题</td><td colspan="4">断面图</td></tr>
<tr><td>授课时间</td><td>年　　月　　日</td><td colspan="2">学时</td><td>1</td></tr>
<tr><td>授课班级</td><td colspan="4"></td></tr>
<tr><td>教具</td><td colspan="4">多媒体设备、模型、绘图工具。</td></tr>
<tr><td>教学目标</td><td colspan="4">1. 了解断面图的概念，掌握移出断面图和重合断面图的画法及其标注方法。
2. 能绘制一般的断面图。</td></tr>
<tr><td>教学重点</td><td colspan="4">移除断面图和重合断面图的画法。</td></tr>
<tr><td>教学难点</td><td colspan="4">移出断面图的画法规则。</td></tr>
<tr><td colspan="2">教学内容</td><td colspan="2">教师活动</td><td>学生活动</td></tr>
<tr><td colspan="2">【教学引入】 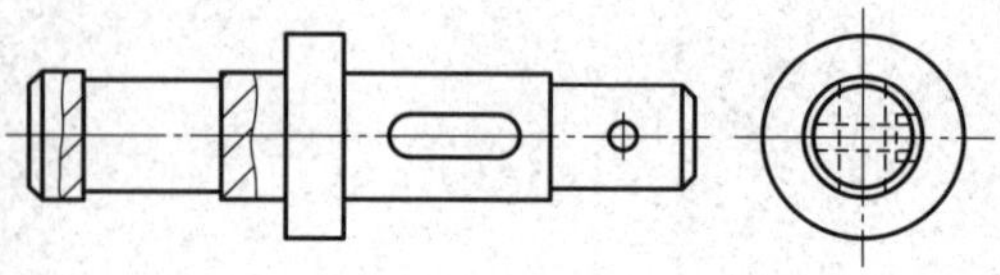</td><td colspan="2">分析轴的结构，提出问题：轴的左视图有何局限性</td><td>小组讨论，得出结论：细虚线较多，图形不够清晰，看图困难</td></tr>
<tr><td colspan="2">【新课教学】
三、断面图
用剖切平面将机件断开，画出的剖切平面与物体接触部分的图形称为断面图。
1. 移出断面图
画在视图轮廓之外的断面图称为移出断面图。 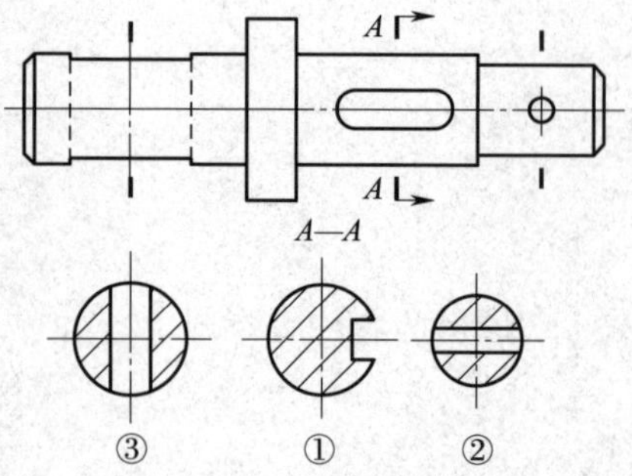
A　A　A—A
③　①　②</td><td colspan="2">先分析图①，再依次分析图②、图③，讲解画法规定</td><td>分析缺口位置与投射方向的关系</td></tr>
</table>

教学内容	教师活动	学生活动
（1）剖切平面通过回转面结构的轴线时，按剖视图绘制。 （2）剖切平面通过非圆孔，出现分离的图形时，也应按剖视图绘制。 移出断面图的标注方法与剖视图基本相同。	强调“按剖视绘制”不是画剖视图，而是画剖切平面所剖到结构的后面部分	分析“按剖视图绘制”的原因，按照剖视绘制断面图有何好处
2. 重合断面图 绘制在视图轮廓线之内的断面图称为重合断面图。 （1）重合断面图的轮廓线用细实线绘制。 （2）当视图中的轮廓线与重合断面图的轮廓线重叠时，视图的轮廓线完整画出，不能间断。	结合教材图 2–21 讲解重合断面图的概念和画法 讲解当多种图线重合时，应以粗实线、细虚线、细双点画线、细点画线、细实线的顺序绘制	小组讨论为何重合断面图的轮廓线用细实线绘制，重合断面图相比移除断面图有何优点
【课堂小结】 1. 绘制移出断面图时，下列两种情况按剖视图绘制： （1）剖切平面通过回转面结构的轴线。 （2）剖切平面通过非圆孔，出现分离图形。 2. 重合断面图的轮廓线用细实线绘制。		
【课后作业】 习题册 §2–1，题 13、14。		

§2-2 标准件与常用件的画法

<table>
<tr><td>课题</td><td colspan="3">螺纹及螺纹紧固件的画法</td></tr>
<tr><td>授课时间</td><td>年　月　日</td><td>学时</td><td>3</td></tr>
<tr><td>授课班级</td><td colspan="3"></td></tr>
<tr><td>教具</td><td colspan="3">多媒体设备、模型、绘图工具、A4 幅面绘图纸（每位学生各一张）。</td></tr>
<tr><td>教学目标</td><td colspan="3">1. 了解螺纹的基本结构，掌握外螺纹、内螺纹和螺纹连接图的画法。
2. 掌握螺纹紧固件的画法。
3. 掌握螺纹紧固件连接图的画法。
4. 能绘制螺栓连接图、螺钉连接图和双头螺柱连接图。</td></tr>
<tr><td>教学重点</td><td colspan="3">1. 外螺纹、内螺纹和螺纹连接图的画法。
2. 螺栓连接图、螺钉连接图和双头螺柱连接图的画法。</td></tr>
<tr><td>教学难点</td><td colspan="3">外螺纹、内螺纹和螺纹连接图的画法。</td></tr>
</table>

教学内容	教师活动	学生活动
【教学引入】 标准件是指结构、尺寸、标记等已经完全标准化，并由专业厂家生产的零（部）件，如螺纹连接件、键、销、滚动轴承等。 常用件是指结构、尺寸、标记等部分标准化的零件，也被称为通用件，如齿轮、弹簧等。	展示教材图 2–22 的配套动画，介绍齿轮泵的工作原理，分析图中的标准件和常用件	找出教材图 2–22 中熟悉的零件，认识齿轮泵中标准件和常用件的结构
【新课教学】 **一、螺纹及螺纹紧固件的画法** 1. 螺纹直径 （1）螺纹大径 与外螺纹牙顶或内螺纹牙底相切的假想圆柱（或圆锥）的直径称为螺纹大径。 （2）螺纹小径 与外螺纹牙底或内螺纹牙顶相切的假想圆柱（或圆锥）的直径称为螺纹小径。	介绍螺旋线、螺纹的形成、螺纹的种类、螺纹的主要几何要素	在螺纹牙型图或螺纹连接件上找出螺纹大径和螺纹小径的位置

教学内容	教师活动	学生活动
（3）公称直径 公称直径是代表螺纹尺寸的直径。 2. 螺纹的规定画法 （1）外螺纹的画法 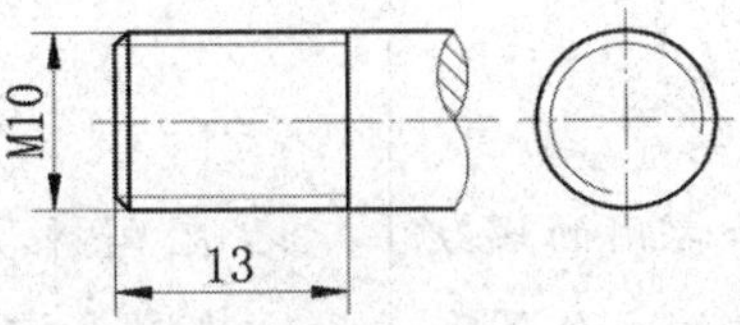 （2）内螺纹的画法 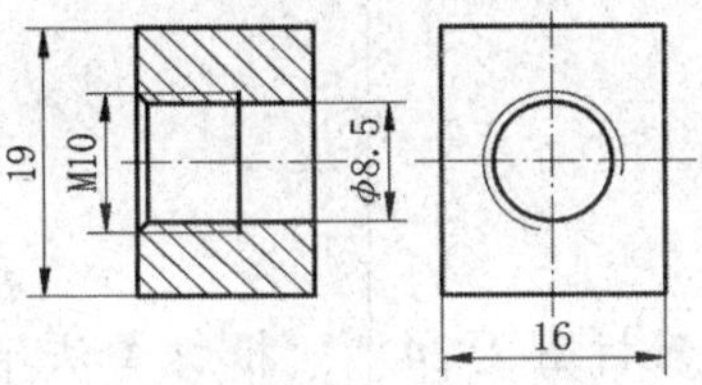	展示教材表2–3中图例，分析内、外螺纹画法，在黑板上绘制内、外螺纹的视图，演示错误的画法，分析错误画法并改正 教师可按左侧图中的尺寸指导学生绘图	根据螺纹画法规定，分析教师绘制的内、外螺纹的视图
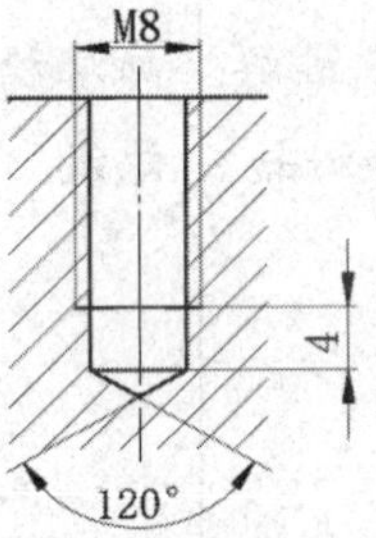	强调在投影为圆的视图上，表示牙底的细实线圆弧，一端伸出，另一端留空 强调螺纹底部圆锥面按锥度120°绘制，但是图样上一般不标注	
1）牙顶用粗实线绘制，牙底用细实线绘制，$d_1 \approx 0.85d$。 2）螺纹终止线用粗实线绘制，表示螺纹牙底的细实线画入倒角。 3）表示牙底的细实线圆只画约3/4圈，不画倒角圆。 4）剖面线画至牙顶粗实线处。	演示绘图过程	跟随教师同步绘制内、外螺纹
（3）螺纹旋合的画法 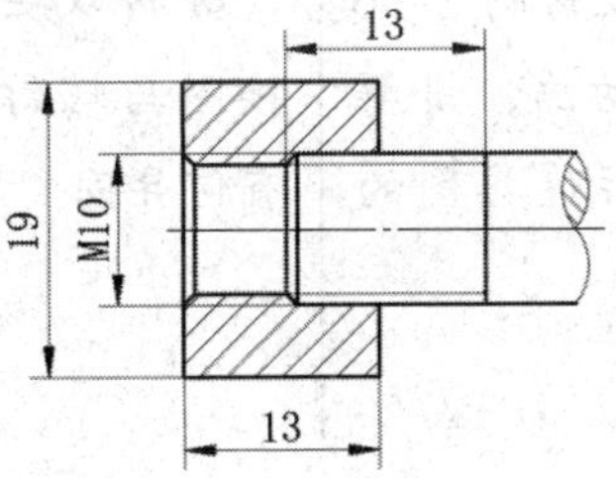	强调旋合部分按外螺纹绘制	跟随教师绘制螺纹旋合图 互相检查所绘图样，查找问题，改正错误

教学内容	教师活动	学生活动
1）旋合部分按外螺纹绘制。 2）内、外螺纹的大、小径线要分别对齐。 3. 螺纹紧固件的画法		
常用的螺纹紧固件有六角头螺栓、双头螺柱、开槽圆柱头螺钉、十字槽沉头螺钉、内六角圆柱头螺钉、开槽锥端紧定螺钉、六角螺母、六角开槽螺母、平垫圈、弹簧垫圈。 4. 螺纹连接图的画法	展示常用的螺纹紧固件的立体图和视图，分析其结构和画法	记忆螺栓、螺母、垫圈等常用螺纹紧固件的画法
（1）螺栓连接图的画法 1）当剖切平面通过螺纹紧固件的轴线时，则按未剖切处理。 2）相邻零件接触面画一条粗实线，非接触表面画两条线。 3）相邻且相互接触的零件剖面线相反，同一个零件剖面线相同。	展示教材图 2–24 的配套动画，讲解螺栓连接图的画法	根据画法规定补画螺栓连接图上的缺线
（2）螺钉连接图的画法 1）螺钉头部的槽用粗线表示。 2）螺钉和螺孔的旋合部分按外螺纹绘制。 3）螺纹终止线应画在螺孔的孔口之上。 4）主、左视图上螺钉头部的画法相同。	展示教材图 2–25 的配套动画，讲解螺钉连接图的画法	分析螺钉连接图的画法，思考为何螺纹终止线在螺孔的孔口之上
（3）双头螺柱连接图的画法 1）旋入端的螺纹终止线与螺孔的孔口平齐。 2）弹簧垫圈在主、左视图上的画法相同，开口由左上向右下倾斜。	展示教材图 2–26 的配套动画，讲解双头螺柱连接图的画法	分析双头螺柱连接图与螺钉连接图有何异同

【课堂小结】

1. 当剖切平面通过螺纹紧固件的轴线时，螺纹紧固件按不剖绘制。
2. 相邻零件接触表面画一条粗实线，非接触表面画两条线。
3. 相邻零件剖面线相反，同一个零件剖面线相同。
4. 螺钉头部的槽用粗线表示，螺钉头部的主、左视图画法相同。
5. 螺钉的螺纹终止线应画在孔口之上。
6. 双头螺柱旋入端的螺纹终止线与螺孔的孔口平齐。
7. 双头螺柱弹簧垫圈在主、左视图上的画法相同，开口由左上向右下倾斜。

【课后作业】

习题册 §2-2，题 1 ~ 3。

课题	齿轮的画法		
授课时间	年　月　日	学时	2
授课班级			
教具	多媒体设备、模型、绘图工具、A4 幅面绘图纸（每位学生各一张）。		
教学目标	熟悉齿轮的结构及其规定画法，能绘制齿轮的视图。		
教学重点	齿轮的规定画法。		
教学难点	绘制齿轮的视图。		

教学内容	教师活动	学生活动
【教学引入】 齿轮可用来传递动力和运动，改变转速和运动方向。常用的齿轮传动形式有圆柱齿轮传动、锥齿轮传动。	介绍齿轮传动的用途和类型	
【新课教学】 二、齿轮的画法		
1. 直齿圆柱齿轮的画法 （1）直齿圆柱齿轮的主要几何要素 1）直齿圆柱齿轮主要几何要素的含义 直齿圆柱齿轮的主要几何要素包括模数、齿顶圆直径、齿根圆直径、分度圆直径、齿槽宽、齿厚、齿数。	展示教材图 2–28，分析直齿圆柱齿轮的结构，介绍渐开线的相关知识 结合教材图 2–28 介绍直齿圆柱齿轮的主要几何要素	掌握直齿圆柱齿轮各几何要素的定义
2）标准直齿圆柱齿轮主要几何要素的尺寸计算公式 $d=mz$ $d_a=m(z+2)$ $d_f=m(z-2.5)$ $a=\frac{1}{2}d_1+\frac{1}{2}d_2=\frac{1}{2}m(z_1+z_2)$	介绍标准直齿圆柱齿轮主要几何要素的尺寸计算公式	
（2）单个直齿圆柱齿轮的画法 1）齿顶圆和齿顶线用粗实线绘制。 2）分度圆和分度线用细点画线绘制。	结合图 2–29 分析单个直齿圆柱齿轮的画法，强调轮齿部分不画剖面线	

教学内容	教师活动	学生活动
3）齿根圆和外形图中的齿根线用细实线绘制，也可省略不画。 4）在剖视图中的齿根线用粗实线绘制。 （3）两直齿圆柱齿轮啮合图的画法 1）两齿轮的分度圆相切。 2）在啮合区，一个轮齿画粗实线，另一个轮齿被遮挡部分画细虚线或省略不画。 3）反映齿轮轴线的外形图中分度线用粗实线绘制。 2. 直齿锥齿轮的画法 （1）单个直齿锥齿轮的画法 在投影为圆的视图上，大端和小端的齿顶圆画粗实线，大端分度圆画细点画线，齿根圆及小端的分度圆不画。 （2）两直齿锥齿轮啮合图的画法 被遮挡轮齿的齿顶线画细虚线或省略不画。 **【应用举例】** 绘制齿轮。 1. 尺寸计算 2. 绘制视图 （1）画齿轮中心线、定位辅助线。 （2）画分度圆、分度线等。 （3）画齿顶圆、齿顶线。 （4）画齿根圆、齿根线。 （5）画孔、键槽等。 （6）检查校核，按线型描深图线，绘制剖面线。	结合教材图 2–30 分析啮合区轮齿部分的画法 介绍直齿锥齿轮的结构，强调齿顶线、齿根线和分度线汇交于一点 展示教材图 2–31，分析单个锥齿轮的画法 展示教材图 2–32，分析两直齿锥齿轮啮合图的画法 指导学生计算分度圆直径、齿顶圆直径和齿根圆直径 介绍绘图的步骤 巡回指导学生绘图 检查学生绘制的图样	分析锥齿轮与圆柱齿轮画法的异同 分析锥齿轮啮合图与圆柱齿轮啮合图画法的异同 计算与绘图有关的尺寸 按照规范的步骤绘制齿轮的视图 进行图样的自检和互检

【课堂小结】 1. 齿顶圆和齿顶线用粗实线绘制，分度圆和分度线用细点画线绘制，齿根圆和外形图中的齿根线用细实线绘制（或省略），在剖视图中的齿根线用粗实线绘制。 2. 啮合区的一个齿轮按可见绘制，另一个齿轮被遮挡部分用细虚线绘制（或省略）。 3. 绘制锥齿轮时，在投影为圆的视图上，大端和小端的齿顶圆画粗实线，大端分度圆画细点画线，齿根圆及小端的分度圆不画。
【课后作业】 习题册 §2-2，题 4 ~ 6。

<table>
<tr><td>课题</td><td colspan="3">键连接、销连接、滚动轴承、弹簧等的画法</td></tr>
<tr><td>授课时间</td><td>年　月　日</td><td>学时</td><td>2</td></tr>
<tr><td>授课班级</td><td colspan="3"></td></tr>
<tr><td>教具</td><td colspan="3">多媒体设备、模型。</td></tr>
<tr><td>教学目标</td><td colspan="3">掌握键连接、销连接、滚动轴承和弹簧等的画法。</td></tr>
<tr><td>教学重点</td><td colspan="3">键连接、销连接、滚动轴承的画法。</td></tr>
<tr><td>教学难点</td><td colspan="3">弹簧的画法。</td></tr>
<tr><td colspan="2">教学内容</td><td>教师活动</td><td>学生活动</td></tr>
<tr><td colspan="2">【新课教学】
三、其他标准件与常用件的画法

1. 键连接的画法
（1）平键连接图的画法
普通平键分为 A 型、B 型和 C 型三种。
1）接触表面应画一条线。
2）非接触表面画两条线。

3）纵向剖切键不画剖面线，横向剖切键画剖面线。
（2）半圆键连接图的画法
半圆键连接图的画法与普通平键相同。

2. 销在装配图中的画法
销是标准件，常用的销有圆柱销和圆锥销。
3. 滚动轴承的画法
（1）滚动轴承的通用画法
若不必确切地表示滚动轴承的外形轮廓、载荷特性及结构特征时，可采用通用画法。</td><td>介绍键、销、滚动轴承和弹簧在机械中的用途
展示教材图 2–33，分析键连接的各零件表面之间的关系
展示教材图 2–34，分析三种普通平键的结构
展示教材图 2–35，讲解键连接图的画法
展示教材图 2–36，引导学生分析其画法
展示教材图 2–37，引导学生分析画法

展示教材图 2–38，分析深沟球轴承、圆锥滚子轴承和推力球轴承的结构及用途</td><td>

了解三种普通平键的差异

对比分析普通平键连接图和半圆键连接图的画法
在教材图 2–37 中找出销的投影</td></tr>
</table>

教学内容	教师活动	学生活动
（2）滚动轴承的规定画法 当需要表达滚动轴承的主要结构时，可采用规定画法。 1）用规定画法绘制轴承时，内、外圈的剖面线应方向一致、间隔相同。 2）规定画法只用在图的一侧，在图的另一侧应按通用画法绘制。	展示教材图 2–39，讲解滚动轴承的通用画法，介绍通用画法的适用场合 展示教材表 2–8，讲解滚动轴承规定画法的绘图规则。强调虽然滚动轴承的内、外圈是两个零件，但国家标准规定剖面线应方向一致、间隔相同	完成习题册相应练习题
4. 弹簧的画法 （1）圆柱螺旋弹簧的画法 1）在平行于螺旋弹簧轴线的投影面的视图中，圆柱螺旋弹簧各圈的轮廓应画成直线。	展示教材图 2–41，结合图例分析弹簧的画法规定	
2）螺旋弹簧均可画成右旋。 3）如要求螺旋压缩弹簧两端并紧且磨平，均可按教材图 2–41a、b 绘制。 4）有效圈数在 4 圈以上的，只画出其两端的 1 ~ 2 圈即可。 （2）圆柱螺旋弹簧在装配图中的画法 1）被弹簧遮挡的结构一般不画。 2）尺寸较小的螺旋弹簧用示意图表示或涂黑表示。	展示教材图 2–42，分析弹簧的结构及在装配图中的画法	找出哪些结构被弹簧遮挡

【课堂小结】

1. 纵向剖切键时，按不剖处理；剖切平面过销的轴线时，按不剖处理。
2. 滚动轴承的规定画法只用在图的一侧。
3. 用规定画法绘制轴承时，内、外圈的剖面线应方向一致、间隔相同。
4. 在平行于螺旋弹簧轴线的投影面的视图中，圆柱螺旋弹簧各圈的轮廓应画成直线。

【课后作业】

习题册 §2–2，题 7、8。

§2-3　机械图样的技术要求

课题	公差与配合		
授课时间	年　　月　　日	学时	2
授课班级			
教具	多媒体设备。		
教学目标	1. 掌握公差与配合基本知识。 2. 能根据极限偏差计算尺寸公差和极限尺寸。 3. 能识读图样上的极限偏差、公差代号和配合代号。		
教学重点	1. 根据极限偏差计算尺寸公差和极限尺寸。 2. 识读图样上的极限偏差、公差代号和配合代号。		
教学难点	公差与配合的基本知识。		

教学内容	教师活动	学生活动
【教学引入】 在机械零、部件的生产过程中，所加工零件的尺寸、几何形状和表面结构总是存在着一定的误差，为保证零件能够使用，就必须将其控制在一定的范围内。	展示教材图2–44，介绍定位销加工方法及过程，分析图上标注的技术要求	分析教材图2–44所示的形体结构，了解零件图的组成
【新课教学】 **一、极限与配合** 1. 尺寸与极限 （1）公称尺寸 公称尺寸是指由图样规范定义的理想形状要素的尺寸。	介绍公称尺寸的概念，结合教材图2–44说明图样上没有标注公差的尺寸并不是没有公差要求	分析教材图2–44中的各种尺寸的尺寸公差
（2）极限尺寸 尺寸要素可以是一个球体、一个圆、两条直线、两相对平行面、一个圆柱体、一个圆锥体、一个楔块等。 尺寸要素所允许的极限值称为极限尺寸。	尺寸要素的概念比较抽象，可以直接介绍尺寸要素所包含的项目	了解零件上有哪些尺寸要素

教学内容	教师活动	学生活动
尺寸要素允许的最大尺寸称为上极限尺寸，尺寸要素允许的最小尺寸称为下极限尺寸。		理解上、下极限尺寸的概念
（3）极限偏差 上极限偏差 = 上极限尺寸 – 公称尺寸 下极限偏差 = 下极限尺寸 – 公称尺寸 （4）公差 公差 =| 上极限尺寸 – 下极限尺寸 |=| 上极限偏差 – 下极限偏差 |	结合教材图 2–45 解释上极限尺寸和下极限尺寸的概念 结合教材图 2–45 解释极限偏差的概念	计算教材图 2–44 中 $\phi18^{+0.012}_{-0.006}$ 的上、下极限尺寸 计算 $\phi18^{+0.012}_{-0.006}$ 的公差
（5）极限偏差在图样上的标注形式 1）上极限偏差标注在公称尺寸的右上角，下极限偏差标注在公称尺寸的右下角。 2）极限偏差为零时，要标“0”。 3）上、下极限偏差相等标“±”。	结合教材图 2–44 中的尺寸“$\phi18^{+0.012}_{-0.006}$”“$\phi12^{\ 0}_{-0.011}$”和“20±0.01”介绍极限偏差在图样上的标注形式	识读教材图 2–44 中标注了极限偏差的尺寸
2. 公差带 公差极限之间（包括公差极限）的尺寸变动值称为公差带。	解释教材图 2–46 的含义	
3. 标准公差与基本偏差 标准公差分为 20 个等级，分别为 IT01、IT0、IT1、IT2…IT18。 基本偏差是指在公差带图中靠近零线的那个极限偏差，可能是上极限偏差，可能是下极限偏差。 公差带代号由基本偏差标示符和代表标准公差等级的数字组成。	展示教材表 2–9，介绍常用标准公差数值 解释公差带代号的含义 展示 GB/T 1800.1—2020 中的基本偏差数值表，介绍根据公差带代号查找基本偏差的方法	
4. 配合 （1）配合的种类 1）间隙配合 2）过渡配合 3）过盈配合	展示教材图 2–48，解释三种配合的概念	

<table>
<tr><th>教学内容</th><th>教师活动</th><th>学生活动</th></tr>
<tr><td>（2）配合制
1）基孔制
2）基轴制
（3）配合的代号和标注
标注配合时，国家标准规定分子为孔的公差带代号，分母为轴的公差带代号。</td><td>解释基孔制和基轴制的概念

展示教材图 2–49，解释配合代号在图样上的标注形式</td><td></td></tr>
<tr><td colspan="3">【课堂小结】
1. 上极限偏差 = 上极限尺寸 – 公称尺寸，下极限偏差 = 下极限尺寸 – 公称尺寸，公差 =| 上极限尺寸 – 下极限尺寸 |=| 上极限偏差 – 下极限偏差 |。
2. 上极限偏差标注在公称尺寸的右上角，下极限偏差标注在公称尺寸的右下角；极限偏差为零时，要标“0”；上、下极限偏差相等标“±”。
3. 公差带代号由基本偏差标示符和代表标准公差等级的数字组成。
4. 配合分为间隙配合、过渡配合和过盈配合。
5. 配合代号的分子为孔的公差带代号，分母为轴的公差带代号。</td></tr>
<tr><td colspan="3">【课后作业】
习题册 §2–3，题 1 ~ 3。</td></tr>
</table>

课题	几何公差		
授课时间	年　　月　　日	学时	2
授课班级			
教具	多媒体设备。		
教学目标	了解几何公差的基本知识，掌握常用几何公差的含义，能识读图样上常见的几何公差。		
教学重点	常用几何公差的含义，识读图样上的几何公差。		
教学难点	几何公差的基本知识。		

教学内容	教师活动	学生活动
【新课教学】 二、几何公差 1. 几何公差的类型、几何特征及符号	展示教材图2–44，解释图中的同轴度公差和基准符号的含义	
2. 几何公差框格与基准符号的格式 几何公差要求在图样中一般以矩形框格的形式给出，几何公差框格由几何特征符号、公差值、基准字母等组成。	展示教材表2–10，介绍各项几何公差的名称及符号 展示教材图2–50，介绍几何公差框格和基准符号	
3. 常用几何公差项目 （1）直线度公差 直线度公差用于限制平面内的直线或空间直线的形状误差。	展示教材表2–11，解释三种直线度公差的含义	识读教材表2–11示例上标注的直线度公差，分析三种直线度公差带的不同
（2）平面度公差 平面度公差是指单一实际平面所允许的变动全量。	展示教材表2–12，解释平面度公差的含义	识读教材表2–12示例上标注的平面度公差
（3）平行度公差 平行度公差是限制被测要素（平面或直线）相对基准要素（平面或直线）在平行方向上变动全量的指标。	展示教材表2–13，解释四种平行度公差的被测要素和基准要素以及各平行度公差的含义	识读教材表2–13示例上标注的平行度公差和基准

<table>
<tr><th>教学内容</th><th>教师活动</th><th>学生活动</th></tr>
<tr><td>（4）同轴度公差
同轴度公差是指被测要素（轴线）相对基准要素（轴线）的允许变动全量。</td><td>展示教材表 2–14，解释同轴度的被测要素和基准要素以及同轴度公差的含义</td><td>识读教材表 2–14 示例上标注的同轴度公差和基准</td></tr>
<tr><td>（5）对称度公差
对称度公差是指被测要素（中心平面）的位置相对基准要素（中心平面或轴线）的允许变动全量。</td><td>展示教材表 2–15，解释两种对称度公差的含义</td><td>识读教材表 2–15 示例上标注的对称度公差和基准</td></tr>
<tr><td>4. 几何公差框格和基准符号在图样上的标注形式
（1）几何公差框格在图样上的标注形式。</td><td>展示教材表 2–16 中的相关图例，解释几何公差框格的标注规则</td><td>依据标注规则分析教材表 2–11 ~ 教材表 2–15 中几何公差框格的标注</td></tr>
<tr><td>（2）基准符号在图样上的标注形式。</td><td>展示教材表 2–16 中的相关图例，解释基准符号的标注规则</td><td>依据标注规则分析教材表 2–13 ~ 教材表 2–15 中基准符号的标注</td></tr>
<tr><td colspan="3">【课堂小结】
1. 当几何公差的被测要素是零件的表面或轮廓线时，指引线箭头必须与尺寸线明显错开。
2. 当几何公差的被测要素是轴线或中心平面时，指引线的箭头应在尺寸线的延长线上。
3. 当基准要素是零件的表面或轮廓线时，基准符号应与尺寸线明显错开。
4. 当基准要素是轴线或中心平面时，基准符号中的细实线应在尺寸线的延长线上。</td></tr>
<tr><td colspan="3">【课后作业】
习题册 §2–3，题 4、5。</td></tr>
</table>

课题	表面结构要求		
授课时间	年 月 日	学时	1
授课班级			
教具	多媒体设备。		
教学目标	1. 了解表面结构要求常用的评定参数。 2. 掌握表面结构符号和代号的含义。 3. 掌握常见表面结构代号的标注方法。		
教学重点	表面结构代号的含义和标注方法。		
教学难点	表面结构要求常用的评定参数。		

教学内容	教师活动	学生活动
【新课教学】 **三、表面结构要求** 1. 表面结构要求的评定参数 （1）取样长度 l 用于判别具有表面粗糙度特征而规定的一段基准线长度。	展示教材图 2–52，解释取样长度的概念	
（2）轮廓算术平均偏差 Ra $Ra=\frac{1}{n}(z_1+z_2+\cdots+z_n)$	解释轮廓算术平均偏差的概念	
2. 表面结构符号 基本图形符号 √ 扩展图形符号 √ √ 完整图形符号 √ √ √	展示表面结构符号并解释其含义	
3. 表面结构代号 注写了表面结构参数或其他有关要求后的表面结构符号称为表面结构代号。 $\sqrt{Ra\ 25}$ $\sqrt{Ra\ 25}$	展示表面结构代号，解释表面结构代号的定义和图例的含义	分析教材图 2–44 标注的表面结构代号
4. 表面结构代号的标注 （1）表面结构代号的注写和读取方向与尺寸数字的方向一致。表面结构代号可标注在轮廓线上，并应从材料外指向并接触表面。	展示教材表 2–19 中的例图，引导学生分析图中标注的表面结构代号	

<table>
<tr><th>教学内容</th><th>教师活动</th><th>学生活动</th></tr>
<tr><td>（2）表面结构代号可以标在尺寸线上。
（3）圆柱面的表面结构代号可标注在圆柱面的轮廓线及其延长线上，也可标注在尺寸界线上。
（4）当多数表面有相同表面结构要求时，可将表面结构代号统一标注在图样右下角标题栏附近。</td><td></td><td></td></tr>
<tr><td colspan="3">【课堂小结】
1. 表面结构代号的注写和读取方向与尺寸数字的方向一致。
2. 表面结构代号应从材料外指向并接触表面。
3. 表面结构代号可标注在轮廓线及其延长线、尺寸线或尺寸界线上。
4. 当多数表面具有相同表面结构要求时，可将表面结构代号统一标注在标题栏附近。</td></tr>
<tr><td colspan="3">【课后作业】
习题册 §2-3，题6、7。</td></tr>
</table>

§2-4 识读机械图样

课题	识读零件图		
授课时间	年 月 日	学时	2
授课班级			
教具	多媒体设备。		
教学目标	熟悉零件图所表达的主要内容，学会识读零件图。		
教学重点	零件图所表达的主要内容。		
教学难点	识读零件图。		

教学内容	教师活动	学生活动
【教学引入】 零件图主要用于表达零件。	展示教材图 2–53，介绍零件图的用途	
【新课教学】 一、识读零件图 表达零件的形状结构、尺寸和技术要求的图样称为零件图。 1. 一组图形 零件图的视图应根据零件的结构形状合理选择。	展示教材图 2–53，解释零件图的概念，介绍电缆接线座的用途 解释零件图所采用的视图及其他表达方法要根据零件的结构选择 展示教材图 2–54	了解零件图的组成 看懂教材图 2–53 所表达的形体结构 结合教材图 2–54 进一步分析零件的结构
2. 一组尺寸 零件图上的尺寸分为定形尺寸和定位尺寸。	展示教材图 2–53，指导学生分析零件图上的尺寸	分析教材图 2–53 上各结构的定形尺寸和定位尺寸
3. 技术要求 在零件图上可以用规定的代号、数字、字母或另加文字注解，简明、准确地给出零件在制造和检验时应达到的质量要求。	简单介绍零件图技术要求的内容	

<table>
<tr><th>教学内容</th><th>教师活动</th><th>学生活动</th></tr>
<tr><td>4. 标题栏
在标题栏中应写明图样名称、图号、材料、比例等，还需要注明设计单位的名称，设计、审核、工艺人员需要签名并填写签名时间等。
【应用举例】
识读电容器支架零件图。
1. 看标题栏，初步了解零件
2. 分析视图，想象零件形状
3. 分析尺寸
4. 分析技术要求
5. 综合归纳</td><td>介绍标题栏的内容和用途，强调标题栏的重要性
展示教材图 2–55
强调看图步骤对识读机械图样的重要性，解释先看标题栏是为了对图样有初步认识
必要时展示教材图 2–56 立体图
解释图中的各项技术要求的含义
检查学生还有哪些没有读懂的信息</td><td>识读标题栏
识读视图
结合零件的结构识读尺寸
识读图样的解释要求
形成对图中所示零件的整体印象</td></tr>
<tr><td colspan="3">【课堂小结】
1. 零件图包括一组图形、一组尺寸、技术要求和标题栏等内容。
2. 识读零件图时，要先识读标题栏，再识读视图，然后识读尺寸，最后识读技术要求。</td></tr>
<tr><td colspan="3">【课后作业】
习题册 §2–4，题 1、2。</td></tr>
</table>

<table>
<tr><td>课题</td><td colspan="3">识读装配图</td></tr>
<tr><td>授课时间</td><td>年　月　日</td><td>学时</td><td>2</td></tr>
<tr><td>授课班级</td><td colspan="3"></td></tr>
<tr><td>教具</td><td colspan="3">多媒体设备。</td></tr>
<tr><td>教学目标</td><td colspan="3">熟悉装配图所表达的主要内容，学会识读装配图。</td></tr>
<tr><td>教学重点</td><td colspan="3">装配图所表达的主要内容。</td></tr>
<tr><td>教学难点</td><td colspan="3">识读装配图。</td></tr>
<tr><td colspan="2">教学内容</td><td>教师活动</td><td>学生活动</td></tr>
<tr><td colspan="2">【教学引入】
装配图主要用于表达机器或部件。
二、识读装配图
装配图主要用来表达机器或部件的工作原理、各零件间的相对位置和装配连接关系。
1. 一组图形
可用于表达机器或部件的工作原理、零件之间的相互位置和装配连接关系，以及主要零件的基本结构形状。</td><td>展示教材图2–57a，介绍装配图的用途
展示教材图2–57a，解释装配图的概念，介绍凸缘联轴器的用途
强调装配图与零件图表达的目的有所不同，零件图必须完整地表达零件结构，装配图上零件不重要的结构（如工艺结构）可以简化</td><td>了解装配图的用途和学习装配图的重要性
看懂装配图，了解凸缘联轴器的结构和用途</td></tr>
<tr><td colspan="2">（1）装配图的规定画法
1）两相邻零件的接触表面和配合表面只画一条线；不接触的两零件表面画两条线。
2）相邻零件的剖面线倾斜方向相反；若方向一致，则间距应不同。同一零件不同视图中的剖面线方向和间距应一致。
3）对于紧固件及实心零件，若纵向剖切，且剖切平面通过其对称平面或轴线时，按不剖绘制；当剖切平面垂直于轴线剖切时，按剖切绘制。</td><td>展示教材图2–58，讲解装配图的规定画法</td><td>理解教材图2–58中的规定画法</td></tr>
</table>

教学内容	教师活动	学生活动
（2）装配图的特殊表达方法 1）拆卸画法 假想拆去某些零件后再绘制视图。 2）假想画法 用细双点画线画出零件在极限位置时的轮廓线或相邻零件、部件的轮廓。 3）简化画法 装配图上若干相同的零件组，可详细地画出一组，其余用细点画线表示其中心位置。倒角、倒圆、退刀槽等工艺结构可省略不画。 2. 必要的尺寸 （1）规格、性能尺寸 （2）配合尺寸 （3）安装尺寸 （4）外形尺寸 （5）其他重要尺寸 3. 技术要求 在装配图上需要用文字说明或标注符号指明机器或部件在装配、调试、检验、安装和使用中应遵守的技术条件和要求。 4. 零件序号、明细栏和标题栏 **【应用举例】** **一、识读双极插头装配图** 1. 概括了解 从标题栏中了解产品的名称，由此可略知其主要用途和性能。 2. 分析视图及尺寸 根据视图配置，找出它们之间的投影关系。 3. 归纳总结	结合教材相关图例解释拆卸画法、假想画法和简化画法 结合图例解释装配图中的尺寸，说明装配图与零件图上的尺寸的不同之处 结合图例解释装配图的技术要求，说明装配图的技术要求与零件图的技术要求有何不同 讲解零件序号的编写方式，解释标题栏和明细栏中的内容 展示教材图 2–61，指导学生粗略地看装配图的各项内容 指导学生掌握分析视图的步骤 展示教材图 2–62，让学生进一步了解双极插头的结构	复习细双点画线的用途 先看标题栏、明细栏，然后粗略地看图形、尺寸和技术要求等 首先分析视图的名称和表达方法；其次分析主要零件在主、左视图上的投影，弄懂其结构；最后分析各零件的相互位置关系 弄懂双极插头的工作原理

<table>
<tr><th>教学内容</th><th>教师活动</th><th>学生活动</th></tr>
<tr><td>二、识读三相异步电动机结构图
1. 分析主要结构
2. 分析外壳
3. 分析其他部分</td><td>展示教材图 2–63，分析三相异步电动机的主要结构组成</td><td>分析三相异步电动机上的定子铁芯、定子绕组和转子的结构
分析机座、端盖、接线盒及吊环的结构
分析滚动轴承、风扇等的结构
在弄懂三相异步电动机结构的基础上分析三相异步电动机的工作原理</td></tr>
<tr><td colspan="3">【课堂小结】
1. 装配图包括一组图形、必要的尺寸、技术要求、明细栏和标题栏等内容。
2. 识读装配图时，要先概括了解，再分析视图及尺寸，最后分析工作原理。</td></tr>
<tr><td colspan="3">【课后作业】
习题册 §2–4，题 3 ~ 5。</td></tr>
</table>

第三章

电气制图基本符号

§3-1　图形符号

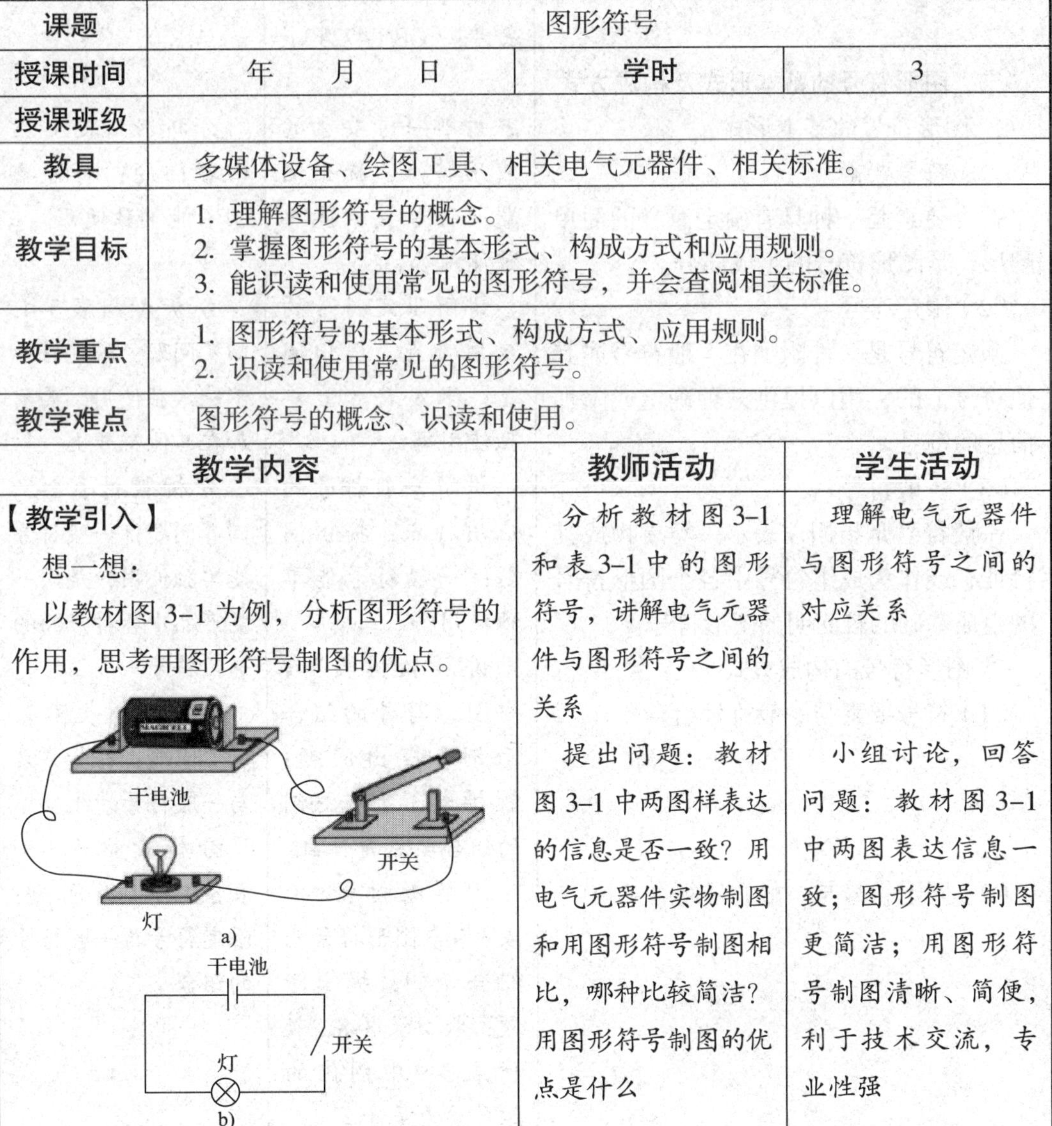

<table>
<tr><td>课题</td><td colspan="3">图形符号</td></tr>
<tr><td>授课时间</td><td>年　　月　　日</td><td>学时</td><td>3</td></tr>
<tr><td>授课班级</td><td colspan="3"></td></tr>
<tr><td>教具</td><td colspan="3">多媒体设备、绘图工具、相关电气元器件、相关标准。</td></tr>
<tr><td>教学目标</td><td colspan="3">1. 理解图形符号的概念。
2. 掌握图形符号的基本形式、构成方式和应用规则。
3. 能识读和使用常见的图形符号，并会查阅相关标准。</td></tr>
<tr><td>教学重点</td><td colspan="3">1. 图形符号的基本形式、构成方式、应用规则。
2. 识读和使用常见的图形符号。</td></tr>
<tr><td>教学难点</td><td colspan="3">图形符号的概念、识读和使用。</td></tr>
<tr><td colspan="2">教学内容</td><td>教师活动</td><td>学生活动</td></tr>
<tr><td colspan="2">【教学引入】
想一想：
以教材图 3–1 为例，分析图形符号的作用，思考用图形符号制图的优点。
干电池
开关
灯
a)
干电池
开关
灯
b)</td><td>分析教材图 3–1 和表 3–1 中的图形符号，讲解电气元器件与图形符号之间的关系
提出问题：教材图 3–1 中两图样表达的信息是否一致？用电气元器件实物制图和用图形符号制图相比，哪种比较简洁？用图形符号制图的优点是什么</td><td>理解电气元器件与图形符号之间的对应关系
小组讨论，回答问题：教材图 3–1 中两图表达信息一致；图形符号制图更简洁；用图形符号制图清晰、简便，利于技术交流，专业性强</td></tr>
</table>

教学内容	教师活动	学生活动
【新课教学】 **一、图形符号的基本概念** 1. 图形符号 图形符号是指用于表达一个电气设备或概念的简单图形或字符。 2. 项目 项目是对用一个图形符号表示的电气系统、设备或元器件等的统称。	分析教材表3–1、表3–2所示图形符号的特点，讲解图形符号、项目的基本概念 提出问题：图形符号与项目有何内在联系 简要介绍国家标准《电气简图用图形符号》（GB/T 4728）	掌握图形符号、项目的基本概念 理解图形符号是一种用以表示项目的简单图形
二、图形符号的基本形式及构成方式 1. 图形符号的基本形式 （1）符号要素 符号要素是一种具有确定意义的简单图形，是图形符号的组成部分。 （2）限定符号 限定符号是一种附加在一般符号或其他符号上的，用以提供某种确定或附加信息的符号。 （3）一般符号 一般符号是指用以表示一类事物或其特征，或作为成组符号中各个图形符号的组成基础的较简明的图形符号。 2. 图形符号的构成方式 （1）符号要素与一般符号组合 （2）限定符号与一般符号组合	讲解符号要素的应用特点，提出问题：符号要素能单独使用吗 讲解限定符号的应用特点，提出问题：限定符号能单独使用吗 讲解一般符号的应用特点，提出问题：一般符号能单独使用吗 讲解教材表3–7中图形符号的组合示例，提出问题：教材表3–7中图例的组合要素是什么 讲解教材表3–8、表3–9中图形符号的组合示例，提出问题：教材表3–8、教材表3–9中图例的组合要素是什么	分析教材表3–3，回答问题：符号要素不能单独使用 分析教材表3–4，回答问题：限定符号不能单独使用，要附加在其他符号上 分析教材表3–5，回答问题：一般符号能单独使用，是同一类产品中各种产品的通用符号 分析教材表3–7，回答问题：符号要素与一般符号的组合 分析教材表3–8、表3–9，回答问题：限定符号与一般符号的组合

教学内容	教师活动	学生活动
3. 框形符号 框形符号是一种只用来表示元器件、设备等的组合及其功能，既不给出元器件、设备的细节，也不考虑所有连接的简单图形符号。	讲解框形符号的特点及其应用，提出问题：框形符号的外形有什么特点？其主要应用于什么场合	分析教材图 3–2，回答问题：框形符号的外形一般为方形、圆形等；通常只用于采用单线表示法的概略图中
三、电气图形符号的应用 1. 图形符号形式的选用规则 首先，要选择优选形式或适用于专门类别的符号形式。其次，在满足需要的前提下，尽量选用简单的形式。	展示教材表 3–11，提出问题：在同一图中，表示同一对象时，是否可选用不同绘制形式的图形符号	分析教材表 3–11 中图例，回答问题：在同一图中表示同一对象应选同一形式的图形符号
2. 图形符号的选用及组合 在同一图中表示同一含义只能选用同一个符号。 3. 图形符号的取向 标准中的图形符号大都是按从左到右的信号流向设计的，即输入在左，输出在右。	讲解教材图 3–3 中图形符号的取向并演示旋转和镜像，提出问题：图形符号旋转或镜像时，其文字应怎么处置	回答问题：图形符号旋转或镜像时，其文字应按水平或竖直的方向布置，并能从图纸的底部或右边阅读
4. 图形符号的尺寸 图形符号是按网格绘制的，但网格不随图形符号示出。	分析教材图3–5、图 3–6 中图形符号的绘制尺寸、比例，提出问题：图形符号的含义由什么确定？绘制图形符号时，其形状、比例是否可随意改变	回答问题：图形符号的含义由其形状和内容确定；绘制图形符号时，其形状、比例不可随意改变，应保持一致
5. 图形符号的引出线 电气元器件的图形符号一般都画有引出线，但图形符号所带的引出线并不是图形符号的组成部分，在大多数情况下引出线位置仅用作示例。在不改变图形符号含义的原则下，引出线可取不同的方向。	讲解教材表 3–13 中图形符号引出线的位置，提出问题：绘制图形符号时，是否可取任意方向绘制引出线？大部分图形符号引出线位置为什么对图形符号的含义无影响	分析教材表 3–13，回答问题：引出线位置对图形符号的含义无影响时可以任意方向绘制，有影响时不行；因为图形符号所带引出线不是图形符号的组成部分

<table>
<tr><th>教学内容</th><th>教师活动</th><th>学生活动</th></tr>
<tr><td>【应用举例】
试分析教材图 3–7 中电气元器件实物与图形符号之间的内在联系，并识读图形符号。
1. 分析图形符号与电气元器件实物之间的内在联系
2. 识读图形符号
（1）图形符号的组合关系
（2）图形符号的布置取向</td><td>提出问题：教材图 3–7b 中图形符号与电气元器件实物之间有何内在联系
指导学生识读教材图 3–7b 中的图形符号，并绘制图 3–7b</td><td>掌握图形符号的识读技能，并会使用和绘制
跟随教师绘制教材图 3–7b</td></tr>
<tr><td colspan="3">【课堂小结】
1. 图形符号、符号要素、限定符号、一般符号的概念。
2. 图形符号的基本形式包括符号要素、限定符号、一般符号。
3. 图形符号的选用规则、图形符号的取向、图形符号的尺寸。</td></tr>
<tr><td colspan="3">【课后作业】
习题册 §3–1，题 1 ~ 3。</td></tr>
</table>

§3-2　字母代码

<table>
<tr><td>课题</td><td colspan="3">字母代码</td></tr>
<tr><td>授课时间</td><td>年　　月　　日</td><td>学时</td><td>1</td></tr>
<tr><td>授课班级</td><td colspan="3"></td></tr>
<tr><td>教具</td><td colspan="3">多媒体设备、绘图工具、相关电气元器件、相关标准。</td></tr>
<tr><td>教学目标</td><td colspan="3">1. 理解字母代码的基本概念。
2. 掌握字母代码的基本形式及其作用。
3. 能识读和使用常见的字母代码，并会查阅相关标准。</td></tr>
<tr><td>教学重点</td><td colspan="3">1. 主类字母代码。
2. 主类加子类字母代码。
3. 识读和使用字母代码。</td></tr>
<tr><td>教学难点</td><td colspan="3">1. 项目类别（项目的预期用途或任务）。
2. 与主类相关的子类字母代码和定义。
3. 识读和使用字母代码。</td></tr>
</table>

教学内容	教师活动	学生活动
【教学引入】 想一想： 以教材图 3-8 为例，分析图中字母代码和对应图形符号的内在关系，思考给图形符号标注对应字母代码的作用是什么？ 【新课教学】 **一、字母代码的概念** 字母代码是指标注在图形符号旁用于表明电气设备、电气元器件的用途或任务的一个字母或字母组合。	分析教材图 3-8 和表 3-16，讲解电气元器件、图形符号、字母代码之间的内在关系 提出问题：字母代码和图形符号之间有何内在关系？在图形符号旁标注字母代码的目的是什么 讲解字母代码的概念及用途，提出问题：教材图 3-8 中 E、S、G 各表示什么电气元器件？字母代码有什么作用	理解电气元器件、图形符号、字母代码之间的关系 回答问题：图形符号与字母代码一一对应；在图形符号旁标注字母代码的目的是补充图形符号所不能表达的信息 掌握字母代码的概念，回答问题：E 代表灯、S 代表开关、G 代表干电池；字母代码在图形符号与电气元器件实物之间建立起对应关系

教学内容	教师活动	学生活动
二、字母代码的基本形式 1. 主类字母代码 在国家标准中，将电气项目按用途或任务（项目的功能）进行分类，每一类用一个大写的专用拉丁字母代码表示，这个专用拉丁字母被称为主类字母代码，即单字母代码。	简要介绍国家标准GB/T 5094.2—2018 分析教材图3-9，提出问题：为什么“R”可标注在电阻器、电感器和二极管的图形符号旁 讲解“按用途或任务进行分类”的内在含义 分析教材表3-17中的字母代码和项目类别，归纳主类字母代码的概念，讲解按项目的预期用途或任务进行分类	分析教材图3-9中图形符号与字母代码，回答问题：R表示限制或稳定能量的运动或流动，电阻器、电感器和二极管均具备此功能 识读教材表3-17中常见电气元器件的字母代码，掌握字母代码和项目类别 归纳总结，小组讨论
2. 主类加子类字母代码 在参照代号的编制中，优先选用单字母代码，只有当项目类别还可按层次再进一步分类时（每个项目大类可细分为很多的项目小类，即项目子类），为了更详细、更具体地表示某个项目大类中的小类别，就选用主类加子类字母代码的方式表示，即双字母代码。	提出问题：为什么引入“主类加子类字母代码”的表达形式 分析教材表3-18中的子类字母代码 分析教材表3-19，归纳主类加子类字母代码的表示方式，提出问题：主类字母代码和子类字母代码是怎样组合的	回答问题：项目类别可按层次细分，为更详细、具体地表示某个项目大类中的小类别 理解教材表3-18中的子类字母代码 根据教材表3-19识读常见电气元器件的双字母代码，回答问题：主类字母代码在前，子类字母代码在后

<table>
<tr><th>教学内容</th><th>教师活动</th><th>学生活动</th></tr>
<tr><td>【应用举例】
分析教材图 3–10 中电气元器件的字母代码与图形符号之间的内在联系，并识读相关字母代码。</td><td>分析教材图 3–10、表 3–20、表 3–21，提出问题：教材图 3–10 中的字母代码与电气元器件之间有何内在联系</td><td>掌握识读和使用字母代码的方法</td></tr>
<tr><td>1. 分析字母代码与电气元器件之间的内在联系
2. 识读字母代码</td><td>指导学生识读教材图 3–10 中的字母代码，并绘制教材图 3–10</td><td>识读、绘制教材图 3–10</td></tr>
<tr><td colspan="3">【课堂小结】
1. 字母代码的基本概念。
2. 字母代码的基本形式包括主类字母代码、主类加子类字母代码。</td></tr>
<tr><td colspan="3">【课后作业】
习题册 §3–2，题 1 ~ 3。</td></tr>
</table>

§3-3 参照代号

课题	参照代号		
授课时间	年 月 日	学时	1
授课班级			
教具	多媒体设备、绘图工具、相关标准。		
教学目标	1. 理解参照代号的概念。 2. 掌握参照代号的格式、标注方法及其作用。 3. 能识读和使用常见的参照代号，并会查阅相关标准。		
教学重点	1. 参照代号的格式、标注方法。 2. 识读和使用参照代号。		
教学难点	1. 参照代号、单层参照代号、多层参照代号的概念。 2. 识读和使用参照代号。		

教学内容	教师活动	学生活动
【教学引入】 想一想： 以教材图 3-11 为例，分析图中参照代号和对应图形符号的内在关系，思考给图形符号标注对应参照代号的作用是什么？ 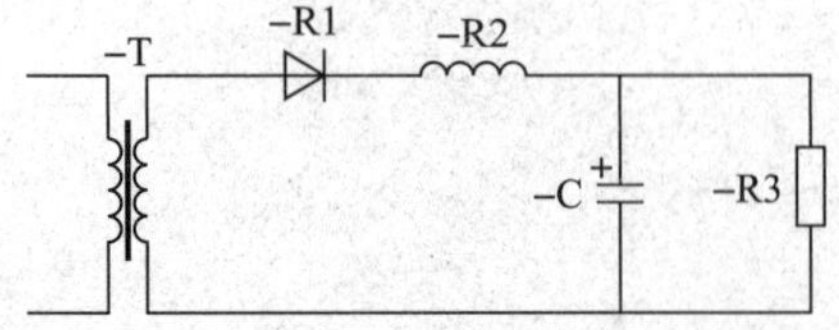 	分析教材图 3-11 和表 3-22，讲解电气元器件、图形符号、字母代码、参照代号之间的内在关系 提出问题：图形符号和与之对应的参照代号之间有何内在关系？在图形符号旁标注参照代号的目的是什么？参照代号和字母代码之间存在什么关系	理解电气元器件、图形符号、字母代码、参照代号之间的内在关系 回答问题：图形符号和与之对应的参照代号之间一一对应；在图形符号旁标注参照代号的目的是补充图形符号所不能表达的信息；字母代码是参照代号的重要组成部分

<table>
<tr><th>教学内容</th><th>教师活动</th><th>学生活动</th></tr>
<tr><td>【新课教学】
一、参照代号的概念
参照代号是指作为系统组成部分的特定项目，按该系统的一个面或多个面相对于系统的标识符。“（方）面”是指观察一个对象的特定视角。</td><td>讲解参照代号的概念及其用途，特别是“（方）面”的概念
提出问题：为什么说在标识研究系统内参照代号应是项目唯一的标识符号
简要介绍国家标准GB/T 5094.1—2018</td><td>掌握参照代号的概念，明白图形符号和参照代号之间的内在联系
回答问题：图形符号（项目）和参照代号一一对应
拓展学习</td></tr>
<tr><td>二、参照代号的格式
1. 单层参照代号
单层参照代号是指由一（方）面直接组成系统的特定项目给定的相对于系统的参照代号。</td><td>帮助学生归纳单层参照代号的概念，提出问题：单层参照代号能否包括其上层或下层项目？教材图3–12中部分标识符号是相同的，这能否说明单层参照代号的标识不是唯一的
分析教材表3–23中的参照代号，提出问题：单层参照代号由哪几部分构成</td><td>回答问题：单层参照代号均不包括任何参照代号的上层或下层项目；不能，单层参照代号在某一项目内的标识是唯一的
回答问题：单层参照代号由前缀符号和代码构成</td></tr>
<tr><td>（1）前缀符号
功能面：=
产品面：-
位置面：+
（2）代码
字母代码：T、C
字母代码加数字：R1、R2
数字：1、2、3</td><td>分析教材表3–24，提出问题：参照代号的前缀符号有哪几种？各表示什么含义
分析教材表3–25，提出问题：参照代号的代码有哪三种形式</td><td></td></tr>
</table>

教学内容	教师活动	学生活动
（3）参照代号常见格式 1）前缀符号 + 字母代码。 2）前缀符号 + 字母代码 + 数字。 3）前缀符号 + 数字。	指导学生按教材示例编写参照代号	编写参照代号，小组互相检查
2. 多层参照代号 多层参照代号是从高层项目分解至所关注项目所经路径的一种代码表示法。 （1）同一结构面的不同层次的参照代号 （2）不同结构面的不同层次的参照代号	分析教材图 3–12 中各项目的多层参照代号，提出问题：某一项目的单层参照代号与多层参照代号之间有何内在关系？多层参照代号适用于什么场合	回答问题：多层参照代号是由多个单层参照代号串联构成的；多层参照代号适用于项目的隶属、嵌套
三、参照代号的标注方法 1. 参照代号的表达方式 （1）参照代号应该在同一行上呈现，单层参照代号的表示不得分开。 （2）前缀符号可用“.”（下脚点）代替。	展示教材图 3–14，提出问题：书写单层参照代号有什么要求 分析教材表 3–26，举例说明前缀符号相同时，多层参照代号的表达方式	分析教材图 3–14 中的参照代号
2. 参照代号的标注位置 （1）图形符号参照代号的标注位置 与图形符号相对应的参照代号应标注在图形符号的近旁。	提出问题：图形符号竖直布置时，参照代号应标注在什么位置？图形符号水平布置时标注在什么位置	回答问题：当图形符号竖直布置时，参照代号常置于符号的左边；当图形符号水平布置时，参照代号常置于符号的上方
（2）连接线参照代号的标注位置 连接线的参照代号一般标注到连接线的近旁，不应碰到或跨越连接线。	分析教材图 3–15 中连接线参照代号的标注位置，提出问题：连接线水平布置时，参照代号标注在什么位置？竖直布置时，参照代号标注在什么位置	回答问题：水平布置的连接线，参照代号标注在图线的上方；对竖直布置的连接线，参照代号标注在图线的左边

<table>
<tr><th>教学内容</th><th>教师活动</th><th>学生活动</th></tr>
<tr><td>四、参照代号的作用
用参照代号标识项目，可在图形符号与实物之间建立起明确的对应关系，从而方便查找、区分各种图形符号所表示的电气元器件和设备。</td><td>分析教材图 3–16，提出问题：图中熔断器的图形符号是否相同？熔断器的字母代码是否相同？熔断器的参照代号是否相同？熔断器的型号规格是否相同？参照代号的作用是什么</td><td>回答问题：教材图 3–16 中熔断器的图形符号相同、字母代码相同、参照代号不同、型号规格不同；参照代号的作用是区别同一图中相同的图形符号</td></tr>
<tr><td>【应用举例】
分析教材图 3–16 中电气元器件的参照代号与字母代码、图形符号之间的内在联系，并识读参照代号。</td><td>分析教材图 3–16 和表 3–27，提出问题：教材图 3–16 中参照代号与字母代码、图形符号之间有何内在联系</td><td>掌握参照代号的识读，并会使用和编制</td></tr>
<tr><td>1. 分析参照代号与字母代码、图形符号之间的内在联系
2. 识读参照代号</td><td>指导学生识读教材图 3–16 中的参照代号，并绘制教材图 3–16</td><td>识读、绘制教材图 3–16</td></tr>
<tr><td colspan="3">【课堂小结】
1. 参照代号的基本概念。
2. 参照代号的格式包括单层参照代号、多层参照代号。
3. 参照代号的标注方法及其作用。</td></tr>
<tr><td colspan="3">【课后作业】
习题册 §3–3，题 1 ~ 3。</td></tr>
</table>

§3-4　端子代号

课题	端子代号		
授课时间	年　　月　　日	学时	1
授课班级			
教具	多媒体设备、绘图工具、相关标准。		
教学目标	1. 理解端子代号的概念。 2. 掌握端子代号的标识方法、编制规则和标注方法。 3. 能识读和使用常见的端子代号，并会查阅相关标准。		
教学重点	1. 端子代号的标识方法。 2. 端子代号的编制规则和标注方法。 3. 识读和使用常见的端子代号。		
教学难点	端子标识、端子代号的标识方法、识读和使用常见的端子代号。		

教学内容	教师活动	学生活动
【教学引入】 想一想： 以教材图 3–17 为例，分析图中端子代号和对应图形符号、参照代号的内在联系，思考给电气元器件接线端子标注标识符号的作用是什么？ 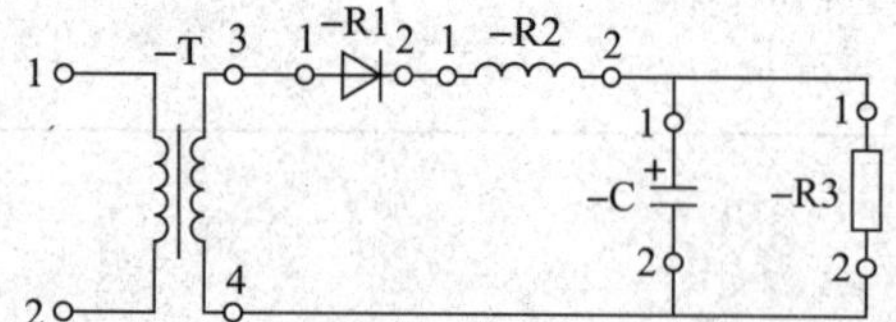	分析教材图 3–17，讲解电气元器件、图形符号、字母代码、参照代号、端子代号之间的内在关系 提出问题：给电气元器件端子标注标识符号的作用是什么？图中电气元器件的接线端子是用哪两种符号标识的？说一说其各自的特点	理解电气元器件、图形符号、字母代码、参照代号、端子代号之间的内在关系 回答问题：给电气元器件端子标注标识符号的作用是识别电气元器件和设备的接线端子；是用端子的图形符号“○”和数字字符标识的；端子的图形符号不能区分不同端子，但数字可以

教学内容	教师活动	学生活动
【新课教学】 一、端子代号的概念 端子代号是指根据项目的一个方面确定的项目端子的标识符号。端子的图形符号为“○”，除有特殊要求外，端子的图形符号可省略。	讲解端子代号的概念及其用途，提出问题：在电气图中，端子用图形符号“○”和端子代号共同表示有什么好处和不足	掌握端子代号的概念，回答问题：用图形符号“○”和端子代号共同表示端子清晰明了，但是图面不够简洁
二、端子的标识 1. 端子标识符号的基本表达形式 （1）项目唯一标识端子的端子代号。 （2）端子代号前的前缀符号“：”（冒号）。 （3）冒号前的代号，即端子所在项目的参照代号。 2. 端子代号的代码 端子代号的代码主要有以下三种基本表示形式。 （1）字母代码：U、V、W （2）字母代码 + 数字：U1、V1 （3）数字：1、2、3、4	分析教材图 3–19、图 3–20 中的端子标识符号的表达形式，提出问题：端子标识符号由哪几部分组成？端子代号和端子标识符号是同一个概念吗？怎样理解“端子代号的唯一性” 对比参照代号的代码讲解端子代号的代码	回答问题：端子标识符号由端子代号、前缀符号“：”、参照代号组成；端子代号和端子标识符号不是同一概念，端子代号是对项目自身而言的，端子标识符号是对项目所在系统而言的；端子代号为该项目端子的唯一标识符号，参照代号为端子所在项目的标识符号
三、端子代号的标识方法 1. 产品面端子代号的标识 产品面端子代号由实际的端子代号组成。	分析教材图 3–21、图 3–22 中的端子代号，提出问题：产品面端子代号的标识主要取自端子的什么代号？在什么情况下可省略端子代号的前缀符号	回答问题：产品面端子代号的标识主要取自产品实际的端子代号；在不引起混淆的情况下可省略端子代号的前缀符号

教学内容	教师活动	学生活动
2. 功能面端子代号的标识 功能面端子代号应以端子功能或内部与端子有关功能的信号名为依据。	分析教材图 3–23 中的端子代号，提出问题：功能面端子代号的标识主要以什么为依据	回答问题：功能面端子代号的标识主要以端子功能或内部与端子有关功能的信号名为依据
3. 位置面端子代号的标识 位置面端子代号由标在端子旁的代号，或表示所在位置或位置名称的相对位置的其他字母数字代号构成。	提出问题：位置面端子代号的主要作用是什么	回答问题：位置面端子代号主要用于表示端子的位置
四、端子代号的编制规则 1. 单个元件的接线端子标识	提出问题：端子代号的编制顺序一般要遵循什么规定	回答问题：端子代号的编制顺序要遵循信息流流向从上到下、自左至右的规定
（1）单个元件的两边端子用连续的两个数字来表示，奇数数字应小于偶数数字。 （2）单个元件的中间各端子最好用连续数字来区别。	分析教材图 3–24，提出问题：中间各端子的端子代号是怎样编制的	回答问题：中间端子的数字应选用大于两边端子的数字
2. 相同元件组的接线端子标识 （1）数字前冠以字母。 （2）数字前冠以数字。 3. 同类元件组的接线端子标识 同类元件组用相同字母标识时，可在字母前冠以数字来区别。	分析教材图 3–25，提出问题：数字前冠以字母用于什么场合？数字前冠以数字用于什么场合	回答问题：数字前冠以字母应用于端子有字母区分标识时；数字前冠以数字应用于不需要区分或不可能识别电源相线类别时
五、端子代号的标注方法 1. 端子代号的标注位置	分析教材图 3–27，提出问题：对水平和竖直布置的连接线，端子代号的标注位置分别有什么要求	回答问题：端子代号应标注在水平连接线的上方或竖直连接线的左边，并沿着连接线的方向布置

教学内容	教师活动	学生活动
2. 电阻器、继电器线圈等电气元器件端子代号的标注	分析教材图 3–28，提出问题：为什么端子代号不能标注在有外形轮廓的图形符号的里面	回答问题：因为容易被误解成图形符号的组成部分
3. 端子板、插头和插座等连接器件端子代号的标注	分析教材图 3–29，提出问题：为什么连接器件的每一连接点都应标注端子代号	回答问题：因为连接线端子太多，容易遗漏
4. 用围框表示功能单元或结构单元项目的端子代号的标注	分析教材图 3–30，提出问题：为什么用围框表示的功能单元或结构单元的端子代号必须标注在围框内	回答问题：因为引出线太多，易造成误解
【应用举例】 分析教材图 3–31 中各图形符号的接线端子与其标识符号之间的内在联系，并识读端子代号。 1. 分析图形符号的接线端子与其标识符号之间的内在联系	分析教材图 3–31 和表 3–28，提出问题：教材图 3–31 中图形符号的接线端子与其标识符号之间有何内在联系	掌握端子标识符号、端子代号的识读，并会使用和绘制
2. 识读端子代号 （1）端子标识符号的基本表达形式 （2）端子代号的代码 （3）端子代号的编制方式	指导学生识读教材图 3–31 中的端子代号，并绘制教材图 3–31	识读、绘制教材图 3–31

【课堂小结】 1. 端子代号的基本概念。 2. 端子标识符号的基本表达形式、端子代号的代码。 3. 端子代号的标识方法、编制规则、标注方法。
【课后作业】 习题册 §3-4，题 1 ~ 3。

第四章
电气制图的一般规则和基本表示方法

§4-1 电气制图的一般规则 

课题	电气制图的一般规则		
授课时间	年 月 日	学时	2
授课班级			
教具	多媒体设备、绘图工具、相关标准。		
教学目标	1. 掌握图线、箭头、指引线、围框的画法规定和应用。 2. 掌握图线的布置方式、电路或电气元器件的布局方法等。 3. 能识读和使用图线的布置方式、电气元器件的布局方法，并会查阅相关标准。		
教学重点	1. 图线、箭头、指引线、围框的用法。 2. 电气简图的布局方法。		
教学难点	图线的布置方式、电路或电气元器件的布局方法。		

教学内容	教师活动	学生活动
【教学引入】 想一想： 以教材图 3-16 为例，分析图中图线的布置方式和电气元器件的布局方法，思考其图线的布置方式有何特点？为什么要采用这样的布置方式？其电气元器件的布局方法有何特点？为什么要采用这样的布局方法？	分析教材图 3-16 中图线的布置和图形符号的布局情况，提出问题：图样能否全面体现出电气元器件的功能关系和安装位置	分析教材图 3-16，回答问题：图样能体现电气元器件之间的功能关系，但不能体现元器件的安装位置信息

教学内容	教师活动	学生活动
【新课教学】 一、图线、箭头和指引线 1. 图线 电气制图中的图线应符合国家标准《技术制图 图线》（GB/T 17450—1998）的有关规定，一般只使用实线、虚线、点画线和双点画线四种形式的图线。	分析教材表4–1和表1–1中的图线线型及应用，提出问题：电气简图主要用哪几种图线线型？各用于什么场合	分析教材表4–1和表1–1，阅读教材，回答问题
2. 箭头 在电气简图中，用于表示箭头的图形符号有两种形式：开口箭头和实心箭头。	分析开口箭头和实心箭头的画法和应用，提出问题：开口箭头和实心箭头在绘制和应用方面有何不同	阅读教材，回答问题
3. 指引线 指引线主要用于指示注释的对象，采用细实线绘制，其末端指向被注释处，并加注末端标记。	分析教材图4–1中指引线画法和应用，提出问题：指引线采用什么线型绘制？指引线的末端应指向何处	回答问题：指引线应用细实线绘制，其末端指向被注释处
二、围框 1. 点画线围框的应用 当需要在图上显示出图的某一部分表示的是功能单元或结构单元时，可用点画线围框表示。	分析教材图4–2，提出问题：图中点画线围框的画法或用途有何不同	回答问题：教材图4–2a为不规则点画线围框，图4–2b为相同电路的简化画法，图4–2c为套装围框
2. 连接器、端子板与点画线围框的用法 如果连接器或端子板是某一功能单元或结构单元不可缺少的符号，则应将连接器或端子板符号放在围框里边，否则应分别放在围框外。	分析教材图4–3，提出问题：教材图4–3a与图4–3b所表达的含义有何不同	通过对比找出教材图4–3a、图4–3b间的不同，回答问题：两图插座位置不同，属于不同的项目单元

教学内容	教师活动	学生活动
三、电气简图的布局方法 1. 图线的布置方式 用于表示导线、信号通路、连接线等的图线一般为直线，即绘制时应横平竖直，尽可能地减少交叉和弯折。	分析教材图3-16中图线的绘制情况，提出问题：电气图中的图线为什么用横平竖直的直线表示，并尽可能减少交叉和弯折	回答问题：是为了便于制图和识图，同时也为了便于查找线路
（1）水平布置方式 水平布置方式是将表示设备和电气元器件的图形符号按横向（行）排列，连接线呈水平方向，各类似项目纵向对齐。	分析教材图4-4a中的图线和图形符号，提出问题：图线水平布置时的特点是什么	回答问题：连接线、图形符号水平布置，类似项目纵向对齐
（2）竖直布置方式 竖直布置方式是将表示设备或电气元器件的图形符号按纵向（列）排列，连接线呈竖直方向，各类似项目横向对齐。	分析教材图4-4b中的连接线和图形符号，提出问题：图线垂直布置时的特点是什么	回答问题：连接线、图形符号竖直布置，类似项目横向对齐
（3）交叉布置方式 为了把相应的元器件连接成对称的布局，也可以采用斜的交叉线的方式布置。	分析教材图4-4c中的连接线和图形符号，提出问题：图线交叉布置的目的是什么	回答问题：图线交叉布置的目的是便于元器件对称布局
2. 电路或电气元器件的布局方法 （1）功能布局法 功能布局法是指简图中表示电路或电气元器件的图形符号的布置，只考虑便于看出它们所表示的电路或电气元器件的功能关系，而不考虑其实际安装位置的一种布局方法。	分析教材图4-5，提出问题：在同一个电气图中，图线是否只能按同一种方式布置 展示教材图4-6，讲解功能布局法的概念及应用，提出问题：电路、电气元器件在用功能布局法绘制图样时的布置规则有哪些	回答问题：不是，同一电气图中图线可同时水平、竖直或交叉布置 掌握功能布局法的概念及应用，回答问题：在功能布局法中，可按照因果关系、动作顺序、功能联系等从左到右或从上到下布置

教学内容	教师活动	学生活动
（2）位置布局法 位置布局法是指简图中表示电路或电气元器件的图形符号的布置位置与其实际安装位置基本一致的布局方法。	分析教材图4–7中电路、电气元器件的绘制位置、布置取向、表达信息性质及使用场合，讲解位置布局法的概念及应用，提出问题：教材图4–17主要用于表达电路的什么信息	掌握位置布局法的概念及应用，对比功能布局法所表达的信息性质，回答问题：教材图4–17主要用于表达电路的位置信息
【应用举例】 对比图3–16和图4–7，分析点动控制电路图中图线的布置方式和电气元器件的布局方法，并分析布置图中电气元器件的布局方法。 1. 分析图线的布置方式 2. 分析电路图中电气元器件的布局方法	分析教材图3–16和图4–7，提出问题：教材图3–16和图4–7中图线用的是哪一种布置方式？教材图3–16和图4–7中元器件用的是哪一种布局方法	掌握图线的布置方式、功能布局法、位置布局法的识读技能并会使用，回答问题
3. 分析布置图中电气元器件的布局方法	指导学生识读和绘制教材图3–16和图4–7	识读、绘制教材图3–16和图4–7
【课堂小结】 1. 图线、箭头、指引线的应用。 2. 点画线围框的应用。 3. 电气简图的布局方法包括图线的布置方式、电路或电气元器件布局方法。		
【课后作业】 习题册 §4–1，题1 ~ 3。		

§4-2 电气元器件的表示方法

<table>
<tr><td>课题</td><td colspan="3">电气元器件的表示方法</td></tr>
<tr><td>授课时间</td><td>年 月 日</td><td>学时</td><td>2</td></tr>
<tr><td>授课班级</td><td colspan="3"></td></tr>
<tr><td>教具</td><td colspan="3">多媒体设备、绘图工具、相关标准。</td></tr>
<tr><td>教学目标</td><td colspan="3">1. 掌握电气元器件的基本表示方法。
2. 熟悉电气元器件在图上位置的表示方法。
3. 能识读和使用电气元器件的表示方法和其在图上位置的表示方法，并会查阅相关标准。</td></tr>
<tr><td>教学重点</td><td colspan="3">1. 电气元器件的基本表示方法。
2. 组成部分可动的电气元器件工作状态的表示方法。
3. 识读和使用电气元器件的表示方法。</td></tr>
<tr><td>教学难点</td><td colspan="3">1. 分开表示法。
2. 组成部分可动的电气元器件触点位置的表示方法。</td></tr>
<tr><td colspan="2">教学内容</td><td>教师活动</td><td>学生活动</td></tr>
<tr><td colspan="2">【教学引入】
想一想：
以教材图 4–8 为例，对比教材图 4–8a 和教材图 4–8b 所示电路的两种不同的绘制形式，分析集中表示法和分开表示法的特点及其应用场合。</td><td>展示教材图 4–8，提出问题：教材图 4–8a 和图 4–8b 所示电路图表达的信息是否一致？以两图中交流接触器“–QA2”的不同绘制形式为例，说出电气元器件在电路图中的不同表达形式及其绘制特点</td><td>分析教材图 4–8 两电路图的表达形式和绘制特点，回答问题：两图表达信息一致；教材图 4–8a 为集中表示法绘制，图 4–8b 为分开表示法绘制</td></tr>
<tr><td colspan="2">【新课教学】
一、电气元器件的基本表示方法
1. 集中表示法
集中表示法是指在简图中把表示一个项目的各组成部分的图形符号绘制在一起的方法。</td><td>根据教材表 4–2 中继电器和复合按钮的图形符号的表达方式和绘制特点，提出</td><td>分析教材表 4–2 中的图形符号，回答问题：是用集中表示法表示的；集中表</td></tr>
</table>

教学内容	教师活动	学生活动
集中表示法适用于绘制简单的电气图。	问题：教材表4–2中电气元器件的图形符号是用什么表示方法表示的？用集中表示法绘图有什么优点？图中的机械连接线有哪些使用要求	示法的优点是便于查找、识读；机械连接线必须是一条直线
2. 分开表示法 分开表示法是指把一个项目中某些部分的图形符号在简图上分开布置，并用参照代号表示它们之间关系的方法。 分开表示法没有机械连接线，这样可避免或减少图线交叉，可使图样更为清晰。	提出问题：教材表4–3中电气元器件的图形符号是用什么表示方法表示的？用分开表示法绘图有什么优点和缺点 分析教材图4–9中插图的表示方法和绘制要求，提出问题：插图是采用什么表示法绘制的？图例中采用什么方法来确定所研究项目各组成部分位置的	分析教材表4–3中的图形符号，回答问题：是用分开表示法表示的；分开表示法的优点是便于功能表达、图面清晰，其缺点是不便检索 回答问题：教材图4–9中插图是用集中表示法绘制的；是用图幅分区的方法来确定各电气元器件在图上的位置的
二、组成部分可动的电气元器件的表示方法 1. 组成部分可动的电气元器件工作状态的表示方法 元器件和设备的可动部分通常表示在非激励或不工作的状态或位置。	讲解教材图4–8中低压断路器、交流接触器、按钮等图形符号的工作状态，提出问题：组成部分可动的电气元器件的图形符号应表示在什么工作状态	分析教材图4–8中图形符号的工作状态，回答问题：应表示在非激励或不工作的状态或位置

教学内容	教师活动	学生活动
2. 触点位置的表示方法及功能说明 （1）接触器、继电器（电）、开关、按钮等项目中的靠电磁力或人工操作的触点符号，在同一电路中，在加电和受力后，各触点符号的动作方向应取向一致。	分析教材表4-4图例中靠电磁力或人工操作的触点符号的取向，提出问题：电气图中靠电磁力或人工操作的触点符号的动作方向是否要求必须强调一致？电气图中为什么规定触点在加电和受力后动作方向要一致	回答问题：电气图中靠电磁力或人工操作的触点符号的动作方向要求一致，但特殊情况除外；电气图中规定触点在加电和受力后动作方向要一致的原因是为了便于绘图和识图
（2）对非电和非人工操作的触点，必须在其触点符号附近标明运行方式。 1）用坐标图形表示。 2）用操作器件的符号表示。 3）用注释、标记和表格表示。	分析教材表4－5、图4-10和图4-11所示非电和非人工操作触点的运行方式，提出问题：对非电和非人工操作触点运行方式的说明用什么方法	回答问题：应用坐标图形、操作器件的符号或用注释、标记和表格表示
3. 技术数据的标注方法 （1）技术数据一般标在图形符号的近旁。	分析教材图4-12所示技术数据的标注方法，讲解标注位置	掌握技术数据的标注位置和标注方法
（2）连接线水平布置时，技术数据标在图形符号下方；竖直布置时，标在图形符号左边。 （3）可标在框形符号或简化外形符号内。 （4）技术数据可用表格的形式给出。	分析教材表4-6所示技术数据，讲解技术数据的标注方法，提出问题：用表格给出的技术数据主要内容有哪些	回答问题：用表格给出的技术数据主要内容有序号、代号、名称、型号、规格、数量和备注等

教学内容	教师活动	学生活动
三、电气元器件在图上位置的表示方法 1. 图幅分区法 （1）表示导线的去向 （2）表示符号或元器件的位置	分析教材表 4–7、图 4–13、图 4–14 所示元器件在图上位置的表示方法，举例说明图幅分区法的应用	掌握图幅分区法的概念、用途
2. 电路编号法 （1）对水平布置的图，数字按自上而下的顺序编排。 （2）对竖直布置的图，数字按自左至右的顺序编排。	分析教材图 4–16，举例说明电路编号法的应用	掌握电路编号法的概念、用途
3. 表格法 表格法是指在图的边缘绘制一个按参照代号进行分类的表格。	分析教材图 4–17，讲解表格法的概念及应用，提出问题：什么是表格法？怎样用表格确定电气元器件在图上的位置	掌握表格法的概念、用途，阅读教材，回答问题
【应用举例】 以教材图 4–8 所示三相鼠笼式感应电动机接触器自锁正转控制电路图为例，分析图中电气元器件的表示方法和图形符号状态的表示方法。 1. 分析电气元器件的表示方法 2. 分析图形符号状态的表示方法	指导学生识读教材图 4–8、表 4–8、表 4–9，提出问题：教材图 4–8 中电气元器件用的是哪一种表示方法？图中电气元器件的图形符号是在什么工作状态	掌握电气元器件的表示方法和电气元器件图形符号工作状态的表示方法，并会识读和运用
	指导学生识读、绘制教材图 4–8	识读、绘制教材图 4–8

【课堂小结】

1. 电气元器件的基本表示方法包括集中表示法、分开表示法。
2. 组成部分可动的电气元器件的表示方法。
3. 电气元器件在图上位置的表示方法包括图幅分区、电路编号、表格法。

【课后作业】

习题册 §4–2，题 1 ~ 3。

§4-3　连接线的表示方法

<table>
<tr><td>课题</td><td colspan="3">连接线的表示方法</td></tr>
<tr><td>授课时间</td><td>年　　月　　日</td><td>学时</td><td>1</td></tr>
<tr><td>授课班级</td><td colspan="3"></td></tr>
<tr><td>教具</td><td colspan="3">多媒体设备、绘图工具、相关标准。</td></tr>
<tr><td>教学目标</td><td colspan="3">1. 了解连接线的概念。
2. 掌握连接线的一般表示方法、多线表示法和单线表示法、连续表示法和中断表示法。
3. 能识读和使用连接线的表示方法，并会查阅相关标准。</td></tr>
<tr><td>教学重点</td><td colspan="3">1. 连接线的一般表示方法、多线表示法和单线表示法、连续表示法和中断表示法。
2. 连接线表示方法的识读和使用。</td></tr>
<tr><td>教学难点</td><td colspan="3">1. 连接线的概念。
2. 连接线的单线表示法、中断表示法。</td></tr>
</table>

教学内容	教师活动	学生活动
【教学引入】 想一想： 以教材图4-18为例，对比教材图4-18a（多线表示法绘制）和教材图4-18b（单线表示法绘制）电路图中连接线的表达形式，思考不同表达形式的绘制特点及应用场合。	分析教材图4-18中连接线的绘制特点，提出问题：教材图4-18b中用一条图线代表了图4-18a中的几条图线？这样绘图有什么好处	分析教材图4-18中连接线的表达形式及其绘制特点，回答问题：教材图4-18 b中用一条图线代表了图4-18 a中的三条；使图面简洁，便于识读
【新课教学】 **一、连接线的概念** 连接线是对电气图中各种图形符号之间连线的统称。根据图中情况，连接线可以是表示传输能量流、信息流的导线，如电路图、框图、接线图中的图线；也可以是表示逻辑流、功能流的图线。	讲解连接线的概念及其用途，提出问题：在电气图中，连接线是一种用于表示什么的图线	识读图例中的连接线，掌握连接线的概念及用途，回答提问：连接线可用于表示能量流、信息流、逻辑流、功能流等

教学内容	教师活动	学生活动
二、连接线的一般表示方法 1. 导线的一般表示方法 （1）导线的一般符号，主要用于表示导线、导线组、电缆、传输通路、母线、总线等。 （2）用一条图线表示一组导线。	分析教材表 4–10 中各图形符号及其含义，提出问题：电气图中，导线组可用哪几种表示方法表示	分析教材表 4–10 和图 4–18b，回答问题：导线组可用短斜线条数或短斜线加注数字表示
2. 重要电路的表示方法 为突出或区分某些重要的电路，连接线可采用不同宽度的图线表示。此时一般只允许采用两种宽度的图线，电源主电路、一次电路、主信号通路等可选择粗图线表示，与之相关的其余部分用细图线表示，如控制电路、保护电路等。	讲解教材图 4–20 所示电路图中连接线的绘制宽度，提出问题：用不同宽度的图线绘制连接线有哪些好处？在电气图中，用粗图线绘制连接线主要适用于什么场合	回答问题：用粗图线绘制可突出并区分主电路；在电气图中，电源主电路、一次电路、主信号通路等可用粗图线绘制
3. 连接线的标记 为了表示连接线的功能或去向，可在连接线上加注信号名称或其他标记，以方便用图者识别，利于接线、查线。	讲解教材图 4–21 所示连接线的标记，提出问题：连接线标记通常标注在连接线的什么位置	回答问题：连接线标记通常标注在水平连接线上方、竖直连接线左边或连接线中断处
4. 连接线接点的表示方法 连接线接点有“T”形和“十”字形两种。对“T”形连接点，可加实心圆点（连接符号“·”），也可以不加实心圆点；对“十”字形连接点，必须加实心圆点（连接符号“·”）。	讲解教材图 4–22、图 4–23 所示连接线接点的表示方法，提出问题：对于两条连接线交叉不连接的情况，要注意什么	回答问题：要注意避免连接线在交叉处改变方向或穿过其他连接线的连接点
5. 平行连接线 （1）连接线分组 电气图中的母线、总线、多芯电缆（或电线）等都可视为平行连接线。平行连接线应按功能分组。	展示教材图 4–24，讲解按功能分组和组间距，提出问题：电气图中哪些导线可视为平行连接线？平行连接线按什么分组	分析教材图 4–24 图例，回答问题：母线、总线、多芯电缆等都可视为平行连接线，平行连接线应按功能分组

教学内容	教师活动	学生活动
（2）多条平行线的表示方法 对含有多根去向相同的连接线的线束，可用一条图线表示。	讲解教材图 4–25 多条平行连接线的绘制特点	分析教材图 4–25
6. 线束 电气图中的多根去向相同的线可采用一根图线表示，称为线束。	根据教材图 4–26，讲解连接线汇入线束的表示方法，提出问题：在电气图中，连接线汇入线束是怎样表示的	回答问题：连接线汇入线束时，与线束倾斜相接，并加上标注，汇接处使用的斜线方向标志着连接线进入或离开线束的方向
三、多线表示法和单线表示法 1. 多线表示法 每根连接线或导线各用一条图线表示的方法，称为多线表示法。	根据教材图 4–8，讲解图线和导线之间的对应关系，提出问题：多线表示法适用于什么场合	分析图例，回答问题：多线表示法适用于各相或各线内容不对称的情况
2. 单线表示法 用一条图线表示两根或两根以上的连接线或导线的方法，称为单线表示法。	提出问题：单线表示法适用于什么场合	回答问题：单线表示法主要适用于三相或多线基本对称的情况
四、连续表示法和中断表示法 1. 连续表示法 连续表示法是指端子之间的连接线用连续的、不间断的图线表示的方法。	根据教材图 4–27，讲解连接线连续表示法的含义	分析教材图 4–27
2. 中断表示法 中断表示法是指将连接线的中间部分断开，然后用标记符号表示导线去向的方法。 中断表示法是简化连接线作图的一个重要手段。	根据教材图 4–28，讲解连接线中断表示法的含义，提出问题：中断标记可用什么表示	分析教材图 4–28，回答问题：连接线中断处的中断标记可用字母、数字、参照代号、位置标记、端子标识等表示

<table>
<tr><th>教学内容</th><th>教师活动</th><th>学生活动</th></tr>
<tr><td>【应用举例】
分析教材图 4–8、图 4–20 和图 4–19 中连接线的表示方法及其特点。
1. 分析连接线所表示的含义
2. 分析连接线的表示方法</td><td>指导学生识读教材图 4–8 和教材图 4–20、图 4–19，提出问题：教材图 4–8、教材图 4–20 和教材图 4–19 中的连接线各表示什么含义？教材图 4–8、教材图 4–20 和教材图 4–19 中的连接线用的是哪一种表示方法
指导学生绘制教材图 4–8、教材图 4–20 和教材图 4–19</td><td>掌握连接线所表示的含义和连接线的表示方法，并会识读和运用
绘制教材图 4–8、图 4–20 和图 4–19</td></tr>
<tr><td colspan="3">【课堂小结】
1. 连接线的一般表示方法。
2. 多线表示法和单线表示法，连续表示法和中断表示法。</td></tr>
<tr><td colspan="3">【课后作业】
习题册 §4–3，题 1 ～ 3。</td></tr>
</table>

第五章
典型电气图的识读

§5-1　识读概略图

课题	识读概略图		
授课时间	年　　月　　日	学时	2
授课班级			
教具	多媒体设备、绘图工具、相关标准。		
教学目标	1. 了解概略图的基本概念。 2. 掌握绘制概略图的基本原则及其基本表示方法。 3. 了解概略图的基本特点。 4. 能绘制和识读简单的供配电系统一次回路图。		
教学重点	绘制概略图的基本原则及其基本表示方法。		
教学难点	供配电系统一次回路图的基本识读方法。		

教学内容	教师活动	学生活动
【教学引入】 想一想： 以教材表 3–11 中的供电系统概略图为例，思考概略图的绘制特点和用途。	根据教材表 3–11，分析图样的布局方式以及图形符号、连接线和参照代号的应用情况，讲解概略图的绘制特点及其用途	了解概略图的绘制特点和用途

教学内容	教师活动	学生活动
一、概略图的基本概念 在电气图中，把这种能够概略地表达一个系统、装置、设备等项目全面特性的简图称为概略图。 概略图有多种类型，常见的主要有工厂供电系统一次回路图、框图等。	根据教材表3–11中的供电系统概略图，帮助学生归纳概略图的概念，讲解概略图的应用、类型，提出问题：什么是概略图？其适用于什么场合	归纳概略图的概念，了解概略图的应用、类型，思考并回答问题
二、概略图的绘制原则和方法 1. 图形符号的运用 （1）用国家标准《电气简图用图形符号》（GB/T 4728）中给定的图形符号	分析教材表3–11中供电系统概略图所用图形符号，提出问题：图样中的图形符号是否均取自GB/T 4728	识读图例，掌握图形符号的运用，回答问题：是
（2）用带注释的框或框形符号 1）用带注释的框。 可用点画线框或实线框表示。 2）用框形符号。 3）框的表达形式。 概略图中框的表达形式有点画线框和实线框两种。	分析教材图5–1和教材图4–19，提出问题：教材图5–1和教材图4–19中的框和框内注释有何不同	回答问题：教材图5–1用点画线框表示，注释为图形符号；教材图4–19用实线框表示，注释为文字
（3）框内注释的表达方式 1）用图形符号作注释。 2）用文字作注释。 3）用图形符号与文字相结合的方式作注释。	分析教材图5–2，提出问题：教材图5–2中的框形符号与教材图5–1、教材图4–19中的有何不同	回答问题：教材图5–2为用标准中的框形符号，教材图5–1、教材图4–19为带注释的框
	分析教材图5–1、教材图4–19和图3–12，提出问题：框有哪几种？在应用上有何不同	分析图例中框的形式，回答问题：框包括实线框、点画线框；点画线框包含的容量大
2. 图样的布局 概略图用功能布局法布置，功能组元件集中布置。	分析教材图5–3，讲解框内注释的表达方式	分析图例
	分析教材图5–1、教材图3–12、教材图5–2，提出问题：图样是按什么布局法布置的？图形符号是按什么规则布置的	回答问题：教材图5–1、教材图3–12、教材图5–2按功能布局法布置；图形符号按工作顺序或功能关系从左到右、自上而下布置，每个功能组的元件集中布置在一起

教学内容	教师活动	学生活动
3. 层次的表达方式 概略图可以在功能或结构的不同层次上绘制。 某一层次的概略图应包含检索描述较低层次文件的标记。	分析教材图 3–12，讲解概略图层次的表达方式，提出问题：高层次概略图与低层次概略图相比，哪个表达得更为详细？教材图3–12 用什么形式表达了项目的层次关系	掌握概略图层次的表达方式，回答问题：低层次概略图描述系统中的分系统，将表示对象表达得更为详细；框的嵌套形式
4. 连接线及信号流向的表示方法 （1）连接线的表示方法 在概略图中，用于表示框形符号或带注释的框之间的电气的、机械的或非电过程（流程）的连接线用单线表示法表示，图中各项目之间的连接线均用单线表示法表示。	根据教材图 5–1、图 5–2，提出问题：点画线框上的连接线与实线框上的连接线表示的连接有何不同	回答问题：点画线框接到框内的图形符号上，实线框接到框的轮廓线上
概略图中的连接线一般用与图形符号相同的细实线绘制；机械连接线一般用虚线表示；非电过程（流程）的连接线要用粗实线绘制。	分析教材图 5–4 连接线的用法	厘清细实线、粗实线、虚线的用法
（2）信号流向的表示方法 概略图的布局应清晰并利于识别非电过程（流程）和信息的流向。信息流向是从左到右、自上而下，控制信号流向应与非电过程（流程）流向垂直。	根据教材图 5–5 中的信号流向，提出问题：图中信息流向是怎样布置的？控制信号流向与非电过程流向是怎样布置的	回答问题：信息流向是从左到右、自上而下；控制信号流向应与非电过程流向垂直
（3）连接线上有关内容的标注 在连接线上可标注信号名称、频率、波形、去向和相关参数等标记。	根据教材图 5–1 中连接线上标注的内容，提出问题：在连接线上可标注哪些标记	回答问题：可标注信号名称、频率、波形、去向和相关参数等

教学内容	教师活动	学生活动
5. 相同项目的简化 当相同项目重复出现时，仅需详细地表示出其中的一个，其余项目可用点画线围框表示，并在围框内标注说明。	根据教材图5–1中的相同项目，提出问题：图中相同项目是怎样表示的	回答问题：仅详细地表示出其中的一个，其余项目可用点画线围框表示，并在围框内标注说明
6. 参照代号标注方法 概略图上各个用于表示项目的图形符号、带注释的框或框形符号一般应标注参照代号。 概略图不具体表示项目的实际连接线和安装位置，因此一般不标注端子代号。	根据教材图5–1、图5–2和图4–19，提出问题：较高层次概略图上标注什么面的参照代号？较低层次的概略图上呢？参照代号一般标注在各框的什么位置	分析图例，回答问题：功能面；产品面；参照代号一般标注在各框的上方或左上方
三、概略图的基本特点 1. 概略图所描述的对象是系统或分系统 2. 概略图描述的是产品的某一方面	讲解概略图所描述的系统或分系统，提出问题：教材表3–11和图5–6中的供电系统概略图属什么关系 根据教材图 5 – 1 和 图5–2，提出问题：教材图5–1和图5–2分别从什么面描述产品	掌握概略图所描述的对象，回答问题：系统与分系统 回答问题：教材图5–1是从功能面，图5–2是从产品面
四、供配电系统一次回路图 1. 供配电系统一次回路图的绘制特点 （1）除特殊情况外，一次回路图绘制成单线图，用单线表示法表示。 （2）对有母线的一次回路，应以母线为核心，母线上方为电源进线，下方为出线。 （3）一次回路图通常用图形符号、参照代号等电气符号来表示各项设备。	提出问题：供配电系统一次回路图是一种什么图？主要用于什么场合 根据教材图5–7，讲解供配电系统一次回路图的绘制特点和连接方式，提出问题：教材图5–7中的连接线主要采用什么表示法表示的	回答问题：供配电系统一次回路图是表示一次设备的全部组成和连接关系的概略图；主要用于概略地表示变配电所电能输送和分配线路 回答问题：单线表示法

<table>
<tr><th>教学内容</th><th>教师活动</th><th>学生活动</th></tr>
<tr><td>（4）技术数据可标注在图形符号的旁边，也可以表格的形式给出。
（5）配电屏是一次回路系统的主要组成部分。</td><td></td><td></td></tr>
<tr><td>2. 供配电系统一次回路图的基本识读方法
（1）一次回路图的识读顺序
（2）一次回路图的识读方法
（3）要“化整为零”
【应用举例】
以图 5–7 所示的某工厂变电所高压侧电气系统一次回路图为例，分析图样的绘制特点，并识读图样。</td><td>以教材图 5–7、图 5–8 为例，讲解供配电系统一次回路图的识读方法，提出问题：一次回路图一般按什么顺序识读</td><td>掌握供配电系统一次回路图的识读方法，回答问题：一看标题栏和技术说明，二按电能输送的路径进行读图，三是了解主要电气设备材料明细表</td></tr>
<tr><td>1. 分析图样的绘制特点</td><td>分析教材图 5–7，提出问题：教材图 5–7 有哪些绘制特点</td><td>掌握教材图 5–7 的绘制特点和识读方法</td></tr>
<tr><td>2. 识读图样
（1）电源进线
（2）开关柜
（3）变压器</td><td>指导学生识读、绘制教材图 5–7</td><td>识读、绘制教材图 5–7</td></tr>
<tr><td colspan="3">【课堂小结】
1. 概略图的基本概念。
2. 绘制概略图的基本原则和方法包括图形符号的运用、图样的布局、层次的表达方式、连接线及信号流向的表示方法、相同项目的简化。
3. 概略图的基本特点。
4. 识读简单的供配电系统一次回路图：绘制特点、识读方法。</td></tr>
<tr><td colspan="3">【课后作业】
习题册 §5–1，题 1 ～ 3。</td></tr>
</table>

§5-2 识读电路图

课题	识读电路图		
授课时间	年　月　日	学时	3
授课班级			
教具	多媒体设备、绘图工具、相关标准。		
教学目标	1. 了解电路图的基本概念。 2. 掌握绘制电路图的基本原则、基本表示方法。 3. 能识读和绘制简单的电气控制电路图。		
教学重点	绘制电路图的基本原则、基本表示方法。		
教学难点	电路图的概念，电气控制电路图的绘制、识读。		

教学内容	教师活动	学生活动
【教学引入】 想一想： 以教材图 3–10 为例，与概略图相比较，思考电路图的绘制特点和用途。	分析教材图 3–10 的布局方式以及图形符号、连接线和参照代号的应用情况，讲解电路图的绘制特点和用途，提出问题：对比概略图，电路图有何用途	了解电路图的绘制特点和用途，回答问题：用于描述电路的功能原理
【新课教学】 **一、电路图的基本概念** 电路图是指表达一个系统、设备等项目的电路组成和物理连接信息的简图。 电路图主要用于阐述电路的构成和工作原理。	讲解电路图在日常生产生活中的应用 以教材图 3–10 为例，帮助学生归纳电路图的概念，讲解电路图的应用、类型	掌握电路图的概念、应用、类型
二、电路图的绘制原则和方法 1. 图形符号的运用 （1）标准图形符号。 （2）按国家标准规定组合生成的图形符号。	分析教材图5–9 中三端集成稳压器的图形符号，提出问题：图中三端集成稳压器	回答问题：三端集成稳压器采用简化外形图形符号表示；一般用标准图形符号

教学内容	教师活动	学生活动
（3）简化外形表示。	采用了什么图形符号？电路图中的图形符号是怎样运用的	或用标准符号组合的图形符号，有时也根据需要简化外形表示
2. 图样的布局 电路图按功能布局法布置，各项目按工作顺序从左至右、自上而下进行排列，要突出过程或信号流方向，突出各部分的功能关系。	根据教材图 5–10 中电路、电气元器件的布局方法，提出问题：图中电路、电气元器件是按什么布局方法布置的？图中主电路、控制电路、电源电路是怎样布置的	分析教材图 5–10 中电路、电气元器件的布局情况，回答问题：是按功能布局法布置的；主电路竖直布置，控制电路竖直布置，电源电路水平布置
（1）类似项目的布置 1）电路竖直布置时，类似项目横向对齐。 2）电路水平布置时，类似项目纵向对齐。	分析教材图 5–10 中类似项目的布置情况	分析教材图 5–10 中的类似项目
（2）强调信号流流向 连接线应保持直线，相关项目的图形符号应排列整齐并使电路直接连通。	展示教材图 5–11，提出问题：教材图 5–11a 和图 5–11b 表达的信息是否完全相同？哪种画法便于识读？为什么说图 5–11a 不符合绘图标准	回答问题：相同；教材图 5–11b 便于识读；图 5–11a 图形符号排列不整齐，电路不直接连通
（3）强调功能关系 功能相关项目的图形符号集中在一起，彼此靠近。	分析教材图 5–12a 中功能相关项目的布置情况，提出问题：教材图 5–12a 中项目 R、C 是怎样布置的	回答问题：R、C 项目集中布置
（4）同等重要并联支路 同等重要并联支路应依主电路对称布置。	分析教材图 5–12b 中同等重要并联支路的布置情况，提出问题：教材图 5–12b 中项目 R、C 是怎样布置的	回答问题：R、C 项目对称布置

教学内容	教师活动	学生活动
3. 电路的表示方法 （1）连接线的表示方法 1）连接线一般为水平布置或竖直布置，其交叉、弯折一般应成直角，且路径最短。 2）过长的连接线用中断线的表示法。 3）主电路、主信号通路的连线加粗。 4）机械功能和电气功能关系密切时，可用机械连接线（虚线）表示出符号之间的联系。 （2）电源电路的表示方法 1）用电源符号表示。 2）用线条表示。 3）用 +、−，L、N，L1、L2、L3，PE，PEN 等符号表示。 4）同时用线条和符号表示。 5）用电位、电压值表示。 （3）电源线的布局 1）电源线集中绘制在电路的一侧（或上部、下部）。	分析教材图 3–10、图 4–8 和图 5–10 中电气元器件之间连接线的连接情况 根据教材图 5–13 中的机械连接线（虚线）的应用，提出问题：教材图 5–13 中用虚线表达什么信息 根据教材图 3–8、图 5–12a、图 5–14、图 3–10、图 4–8、图 5–10、图 5–15 和图 5–16 中电源电路的绘制特点，讲解电源电路的表示方法，提出问题：教材图 3–8、图 5–12a、图 5–14、图 3–10、图 4–8、图 5–10、图 5–15 和图 5–16 中的电源电路是用什么表示法表示的？各有何特点 根据电源线在教材图 3–10、图 4–8、图 5–10 和图 5–15a 中的布置情况，讲解电源线的布局特点，提出问题：教材图 3–10、图 4–8、图 5–10 和图 5–15a 中电源线布置在电路图的什么位置	随教师分析各图中的连接线 回答问题：教材图 5–13 中用虚线表达机械功能和电气功能的关系 随教师分析各图中电源电路的表示方法，小组讨论给出答案 随教师分析各图中电源线的布置情况，回答问题：电源线集中绘制在电路的上部

教学内容	教师活动	学生活动
2）多相电源按相序从上至下水平布置。	根据三相电源线在教材图 4–8、图 5–10 和图 4–18a 中的布置情况，提出问题：在水平布置的电路图中，三相电源线是怎样布置的？竖直布置的呢？中性线 N 呢	回答问题：按相序从上至下水平布置；从左至右竖直排列布置；水平布置时 N 在相线的下方，竖直布置时 N 在相线的右边
3）多相电源线布置到各支路的两侧。	根据教材图 5–15b 中电源线在电路图中的布置情况，提出问题：图中电源线布置在电路图的什么位置	分析教材图 5–15b 电源线布置位置，回答问题：电源线布置在支路两侧
4）连接到框形符号的电源线一般应与信号流向成直角绘制。	根据教材图 5–14、图 5–12a 和图 5–11 中连接到驱动器件图形符号上电源线的布置情况，提出问题：图中连接到驱动器件图形符号上的电源线是怎样布置的	分析各图中驱动器件图形符号上电源线的布置位置，回答问题：电源线与信号流向成直角绘制
（4）基础电路的模式 1）网络。 2）基本桥式电路。 3）RC（阻容）耦合放大级电路。 4）基本双稳态电路。	根据教材图 5–17、图 5–18、图 5–19 和图 5–20 中电路的绘制特点，讲解基础电路的模式，提出问题：基础电路的输入端、输出端的布置方向应与什么流向一致	分析各图电路的绘制特点，回答问题：基础电路的输入端、输出端的布置方向应与信号（能量）流向一致

教学内容	教师活动	学生活动
（5）电路的简化表示法 1）主电路的简化 主电路为三相三线或三相四线的电路，可将主电路或其一部分简化成单线表示。 为了表示互感器等的连接方法，在某些情况下可部分地用多线表示。 2）相同电路的简化 当相同电路重复出现时，仅需详细地表示出其中的一个，其余的电路可用点画线围框表示，并在围框内标注说明。	根据教材图 5–21 和图 4–20a 中主电路的绘制特点，提出问题：教材图 5–21 中的主电路与图 4–20a 中的主电路相比有何特点 分析教材图 4–2b 中相同电路的表达方式，提出问题：相同电路用什么图形符号表示	分析图例中的主电路的，回答问题：教材图 4–20a 中主电路用单线表示法表示，图 5–21 中主电路部分用单线表示法表示，部分用多线表示法表示 回答问题：用点画线围框表示
4. 图上位置表示方法 图上位置的表示方法主要有图幅分区法、电路编号法和表格法。	根据教材图 4–9 中元器件在图上位置的表示方法，提出问题：图中用什么方法表示元器件在图上的位置	分析教材图 4–9 元器件在图上位置的表示方法，回答问题：图幅分区法
5. 元器件的表示方法 可根据电路的繁简程度分别用集中表示法、半集中表示法和分开表示法表示。 在使用分开表示法时，为了表明元器件和设备的各组成部分，寻找其在图上的位置，常用插图或表格来说明。	提出问题：组成部分含有驱动部分和被驱动部分的电气元器件的基本表示方法有哪几种 分析教材图 5–22 中元器件在图上的位置表示方法和表格，提出问题：教材图 5–22 中用什么方法确定电气元器件在图上的位置？表格的主要作用是什么	回答问题：集中表示法、半集中表示法、分开表示法 回答问题：用图幅分区法；便于查找、检索

教学内容	教师活动	学生活动
6. 参照代号的标注 在电路图中，根据电路的用途和繁简程度，分别标注产品面参照代号、功能面参照代号、位置面参照代号或者其组合。	根据教材图3–10、教材图4–8和教材图5–10中参照代号的标法，提出问题：简单电路图一般标注什么面参照代号？前缀符号能否省略	分析图中参照代号，回答问题：简单电路图一般只标注产品面参照代号；可省略前缀符号
三、电气控制电路图 1. 电气控制电路图的组成以及绘制原则和方法 （1）电气控制电路图的组成 电气控制电路图一般由主电路和辅助电路两部分组成。	分析教材图5–23中电路图的组成，提出问题：辅助电路包括哪些	回答问题：辅助电路包括控制电路、保护电路、信号电路和照明电路
（2）电气控制电路图的绘制原则和方法 1）主电路和辅助电路一般要分开绘制。	根据教材图5–23的绘制特点，提出问题：主电路和辅助电路是怎样绘制和布置的	分析图例，回答问题：主电路和辅助电路分开绘制，主电路绘制在图纸的左侧，辅助电路绘制在图纸的右侧
2）图线一般按水平布置或竖直布置。图线水平布置时，电源线竖直画，其他电路水平画，耗能元件画在电路最右端；图线竖直布置时，电源线水平画，其他电路竖直画，耗能元件画在电路的最下端。 3）电气元器件用图形符号表示，并符合国家标准规定。	以教材图5–24和教材图5–10为例分析电路图中图线的布置情况	
4）电路或电气元器件按功能布局法布置，并尽可能按生产设备动作的先后顺序从上到下或从左到右依次排列。	根据教材图5–23中电气元器件的布置位置，提出问题：图中电气元器件采用什么布局方法	分析图样，回答问题：功能布局法

教学内容	教师活动	学生活动
5）在复杂的电气控制电路图中，由多个部件组成的电气元器件和设备常用分开表示法绘制。	讲解教材图 5–23 中多部件组成的电气元器件的表示方法	分析图例
6）图中电气元器件的可动部分均表示在常态。	分析教材图 5–23 中接触器、热继电器的状态和布置位置，提出问题：教材图 5–23 中接触器、热继电器均处于什么状态	回答问题：接触器为线圈未通电的状态，热继电器的动断触点处于未激发的状态
7）图中导线均标记线号。 8）图幅分区可用简化形式，按列序数纵向分区，区号只有数字，没有表示“行”的字母。 9）在完整的电气控制电路图中，还应标明主要电器的型号、参照代号、有关技术参数和用途。	分析教材图 5–23 中导线线号，提出问题：标记导线线号有什么用途	回答问题：为查线和接线提供方便
2. 识读电气控制电路图的基本方法 （1）先机后电 （2）先主后辅，化整为零	提出问题：识读电气控制电路图的基本方法可简述为什么	回答问题：先机后电；先主后辅，化整为零；集零为整，统观全局
	提出问题：识读电气控制电路图为什么要“先主后辅，化整为零”	回答问题：是为了明确电路控制要求，降低识读难度
1）用查线读图法识读主电路的步骤。 一查主电路中的用电设备；二查用电设备是用什么电气元器件控制的；三查主电路中所用的控制电器及保护电器；四查电源。	讲解识读主电路的四个步骤，用查线读图法指导学生识读教材图 5–23 中的主电路，提出问题：主电路中的用电设备有哪些？各用电设备用什么元器件控制？主电路中的控制电器及保护电器有哪些	分析教材图 5–23，思考问题，小组讨论后逐一回答

教学内容	教师活动	学生活动
2）用查线读图法识读辅助电路的步骤。 一查电源；二查控制电路中各种继电器、接触器的用途及其动作；三结合主电路的要求，分析辅助电路的动作过程；四分析电气元器件之间的相互关系；五分析其他电气设备和电气元器件。 （3）集零为整，统观全局	讲解识读辅助电路的五个步骤，用查线读图法指导学生识读教材图 5–23 中的辅助电路，提出问题：辅助电路的电源是从什么地方接来的？接触器 QA 的主要用途是什么？主轴电动机 M1 和冷却泵电动机 M2 是什么控制的？照明变压器 TA 提供了多少伏特的安全电压	与教师同步分析教材图 5–23，思考问题，小组讨论后逐一回答，了解辅助电路的五个识读步骤
【应用举例】 以教材图 5–23 所示 C620 型车床电气控制电路图为例，分析图样的绘制特点，并识读图样。 1. 分析图样的绘制特点 2. 识读图样 （1）C620 型车床电路的组成 （2）C620 型车床电气控制电路的工作过程	指导学生识读教材图 5–23，提出问题：教材图 5–23 有哪些绘制特点 指导学生识读、绘制教材图 5–23	以教材图 5–23 为例进行识读综合练习，掌握图 5–23 的绘制特点和识读方法 识读、绘制教材图 5–23

【课堂小结】

1. 电路图的基本概念。
2. 绘制电路图的基本原则包括图形符号的运用、图样的布局。
3. 绘制电路图的基本表示方法包括电路的表示方法、元器件在图上位置的表示方法、元器件的表示方法。
4. 电气控制电路图的绘制原则以及绘制、识读方法。

【课后作业】

习题册 §5–2，题 1 ~ 3。

§5-3 识读接线图

课题	识读接线图		
授课时间	年 月 日	学时	2
授课班级			
教具	多媒体设备、绘图工具、相关标准。		
教学目标	1. 了解接线图的基本概念。 2. 掌握接线图的绘制原则和基本表示方法。 3. 了解接线图的常见类型。 4. 能识读和绘制简单的接线图。		
教学重点	接线图的绘制原则和基本表示方法。		
教学难点	接线图的常见类型、电气安装接线图的识读。		

教学内容	教师活动	学生活动
【教学引入】 想一想： 以教材图 5-26b 为例，对比概略图、电路图，分析接线图的绘制特点和用途。	分析教材图 5-26b 的布局方式以及图形符号、连接线和参照代号的应用情况，讲解接线图的绘制特点和用途 提出问题：从接线图的布局方式、图形符号、连接线、参照代号等方面叙述接线图的绘制特点。比较概略图和电路图的作用，叙述接线图的主要用途	对接线图的绘制特点和用途有一个初步认识 回答问题：接线图按位置布局法布置，图形符号用简化外形表示，连接线用单线表示法表示，参照代号与电路图一致，标记端子代号；接线图主要用于阐述电气元器件的接线关系

教学内容	教师活动	学生活动
【新课教学】 一、接线图的基本概念 接线图是指用以表达项目组件或单元之间物理连接信息的简图。 接线图主要用于指导电气设备和电气线路的安装、检查、维修和故障处理等。	以教材图 5-26b 为例，帮助学生归纳接线图的概念，提出问题：接线图主要用于表达哪些方面的信息？说一说概略图、电路图、接线图之间的内在关系	回答问题：接线图主要用于表达电气设备和元器件的安装位置、配线方式和接线方式等；概略图是绘制电路图、接线图的依据，接线图与电路图配合使用
二、接线图的绘制原则和方法 1. 图形符号的运用 （1）项目用简化外形符号表示，如矩形、正方形、圆形等。 （2）项目用点画线围框表示。 （3）项目用国家标准中规定的图形符号表示。	根据教材图 5-27 中用于表示项目的实线框、点画线围框的应用情况，提出问题：点画线围框有什么绘制要求？在什么场合用标准图形符号表示项目	回答问题：有引出线的点画线围框边用细实线绘制；不需要强调项目的实际位置时用国家标准规定的图形符号表示
2. 图样的布局 接线图按位置布局法布置，能清楚地给出各项目之间的相对位置和导线走向。	根据教材图 5-26b 中元器件的布置位置和图 3-7a、图 4-7 中相同元器件的安装位置，提出问题：接线图中元器件的布置位置和教材图 3-7a、图 4-7 中相同元器件的安装位置是否一致？接线图中电路、元器件是按什么布局方法布置的	回答问题：一致；按位置布局法布置
3. 端子的表示方法 接线图中端子一般用图形符号和端子代号表示，端子在项目简化外形中能清晰识别时，可只标端子代号。	讲解端子的图形符号、端子代号、端子标识，提出问题：接线图中端子一般用什么表示？在什么情况下端子的图形符号可省略	分析教材图 5-27a、图 5-27b 中端子的表示方法，回答问题：接线图中端子一般用端子的图形符号和端子代号表示；在端子能清晰识别的情况下可省略其图形符号

教学内容	教师活动	学生活动
4. 导线标记 （1）标记的方法 1）等电位编号法。 2）顺序编号法。 3）呼应法（相对编号法）。 （2）标记内容	讲解导线标记的概念、用途及标记方法	分析教材图 5–28 中导线标记的方法
1）从属标记是指以导线所连接的端子的标记或线束所连接的设备标记为依据的导线或线束的标记系统。 ①从属本端标记是指在导线或线束的端部标记与其本端部连接的端子代号的标记方式。 ②从属远端标记是指在导线或线束的端部标记与其远端部连接的端子代号的标记方式。 2）独立标记是指导线或线束的标记与其所连接的端子的代号无关的标记系统。	根据教材图 5–29、教材图 5–30 中的导线标记，讲解从属标记和独立标记的概念、用途及标记方法，指导学生识读图例中的从属本端标记、从属远端标记和独立标记	掌握从属本端标记、从属远端标记、独立标记的概念、用途及标记方法，练习识读导线标记
5. 导线的表示方法 （1）导线的连续线表示方法和中断线表示方法 1）导线的连续线表示方法。 2）导线的中断线表示方法。 （2）导线的多线表示法和单线表示法 1）导线的多线表示法。 2）导线的单线表示法。 （3）电缆及其组成芯线的表示方法	根据教材图 5–29、教材图 5–30、教材图 5–31、教材图 5–32、教材图 5–33 中导线的表示方法，讲解接线图中导线的连续线表示和中断线表示、多线表示和单线表示、电缆及其组成芯线的表示 指导学生识读教材图 5–29、教材图 5–30、教材图 5–31、教材图 5–32、教材图 5–33 图例中导线的表示方法	分析各接线图中导线的表示方法，掌握接线图中导线的连续线表示和中断线表示、多线表示和单线表示、电缆及其组成芯线的表示方法，了解其应用场合 练习识读图例中导线的表示方法，掌握其应用特点

教学内容	教师活动	学生活动
6. 参照代号的标注 在接线图项目符号旁一般应标注参照代号，通常只标注产品面参照代号和位置面参照代号。	根据教材图 5–30，讲解接线图中参照代号的标注要求，提出问题：在概略图、电路图和接线图中，对参照代号的标注要求有何不同	分析图例，掌握接线图中参照代号的标注要求，阅读教材，查找答案
三、接线图类型 1. 单元接线图 单元接线图是指单元或组件内部元器件之间的物理连接图，也称内部接线图。 （1）单元接线图绘制方法 （2）单元接线图示例	讲解单元接线图的概念、用途及其绘制方法，并指导学生识读教材图 5–32、图 5–34	分析教材图 5–32、图 5–34，了解单元接线图的概念、用途及其绘制方法，了解接线图的绘制原则，掌握识读单元接线图的技能
2. 互连接线图 互连接线图是指不同单元或组件之间的物理连接图。 （1）互连接线图绘制方法 （2）互连接线图示例	对比单元接线图讲解互连接线图的概念、用途及绘制方法，并指导学生识读教材图 5–35	了解互连接线图的概念、用途及绘制方法，掌握识读互连接线图的技能
3. 端子接线图 端子接线图是指连接到一个单元的物理连接图。 （1）端子接线图绘制方法 （2）端子接线图示例	对比单元接线图、互连接线图讲解端子接线图的概念、用途及绘制方法，并指导学生识读教材图 5–36、图 5–37	分析图例，了解端子接线图的概念、用途及绘制方法，了解接线图的绘制原则在端子接线图中的运用，掌握识读端子接线图的技能
四、电气安装接线图的识读 1. 电气安装接线图的绘制原则和方法 （1）线束法 线束法是指将走向相同的导线绑扎成线束，并用一根图线表示的方法，也就是连接线的单线表示法。	讲解线束法的概念和绘制特点，提出问题：线束法适用于什么场合	分析教材图 5–38，了解线束法的绘制特点，回答问题：线束法适用于连接线走向相同的接线图

<table>
<tr><th>教学内容</th><th>教师活动</th><th>学生活动</th></tr>
<tr><td>（2）散线法
散线法是指元件之间的连线导线逐根绘制的方法，也就是连接线的多线表示法。
（3）相对编号法
相对编号法是指连接线的中断表示法。
用相对编号法表示的安装接线图的特点：
1）元器件的标识符号与电路图完全一致，标注在表示元器件的框线内或框线外的一侧。
2）元器件和端子排的接线端子的端子代号用接线端子间连接线的回路标号标记。
3）元器件之间、元器件与端子排之间的导线用从属远端标记标注。
2. 电气安装接线图的绘制特点
（1）各电气元器件均用图形符号表示，不画实体。
（2）明确端子接线板、插接件、部件和组件等电气元器件的安装位置，并注明有关接线安装的技术条件。
（3）各电气元器件的参照代号、端子代号及其他标识应与电路图中的一致，并按电路图所示信息进行导线连接，以便于接线和检修。
（4）在安装接线图中示出接线端子的情况。
（5）安装接线图中的分支导线应由各电气元器件的接线端引出，不允许在导线两端以外的地方连接。
（6）安装接线图中应标明连接导线的规格、型号、根数及穿线管的尺寸。</td><td>对比线束法，讲解散线法的概念和绘制特点，提出问题：散线法适用于什么场合
讲解相对编号法的概念和绘制特点，提出问题：相对编号法适用于什么场合
分析教材图 5–39 中连接线的表达方式，对比图 5–40，讲解用相对编号法表示安装接线图的绘制特点，提出问题：用相对编号法表示安装接线图有哪些特点
以教材图 5–38 为例，讲解电气安装接线图的绘制特点，提出问题：安装接线图是否符合接线图的绘制原则</td><td>了解散线法的绘制特点，回答问题：散线法适用于线路简单的接线图
分析教材图 5–39，了解相对编号法的绘制特点，回答问题：相对编号法适用于线路复杂的接线图
分析图例，了解用相对编号法表示安装接线图的绘制特点，了解接线图与电路图之间的内在联系，阅读教材，回答问题
分析图例，了解电气安装接线图的绘制特点，回答问题：符合</td></tr>
</table>

<table>
<tr><th>教学内容</th><th>教师活动</th><th>学生活动</th></tr>
<tr><td>3. 识读电气安装接线图的基本方法
（1）对照电气控制电路图识读电气安装接线图
（2）识读电气安装接线图的步骤
1）看主电路。从电源输入端开始，依次经过控制元器件、保护元器件和线路到电动机等用电设备。
2）看辅助电路。按每条小回路看，先从控制电路电源起点（相线）去寻找回路，看经过哪些电气元器件又回到电源的另一相（或零线）。
【应用举例】
以教材图5–38所示的C620型车床电气安装接线图为例，分析图样的绘制特点，并识读。</td><td>以教材图5–38、图5–23为例，讲解识读电气安装接线图的方法
以教材图5–38为例，讲解识读电气安装接线图的步骤，提出问题：识读电气安装接线图的步骤是什么
指导学生识读教材图5–38，提出问题：教材图5–38有哪些绘制特点</td><td>结合电路图，掌握识读电气安装接线图的技能
掌握识读电气安装接线图的步骤，回答提问：先看主电路，再看辅助电路
识读教材图5–38，掌握图样的绘制特点</td></tr>
<tr><td>1. 分析图样的绘制特点
2. 识读图样</td><td>指导学生识读、绘制教材图5–38</td><td>识读、绘制教材图5–38</td></tr>
<tr><td colspan="3">【课堂小结】
1. 接线图的基本概念。
2. 接线图的绘制原则：图形符号的运用、图样的布局。
3. 接线图的绘制方法：端子的表示方法、导线标记、导线的表示方法、参照代号的标注。
4. 接线图的类型：单元接线图、互连接线图、端子接线图。
5. 电气安装接线图的识读
（1）电气安装接线图的绘制原则和方法：线束法、散线法、相对编号法。
（2）电气安装接线图的绘制特点。
（3）识读电气安装接线图的基本方法
1）对照电气控制电路图识读电气安装接线图。
2）识读电气安装接线图的步骤为先看主电路，再看辅助电路。</td></tr>
<tr><td colspan="3">【课后作业】
习题册 §5–3，题1 ~ 3。</td></tr>
</table>

§5-4 识读逻辑功能图

课题	识读逻辑功能图		
授课时间	年 月 日	学时	1
授课班级			
教具	多媒体设备、绘图工具、相关标准。		
教学目标	1. 了解逻辑功能图、纯逻辑图、详细逻辑图的概念。 2. 掌握逻辑功能图的绘制原则和基本表示方法。 3. 能识读和绘制简单的逻辑功能图，并会查阅相关标准。		
教学重点	逻辑功能图的绘制原则和基本表示方法。		
教学难点	识读纯逻辑图、详细逻辑图。		

教学内容	教师活动	学生活动
【教学引入】 想一想： 以教材图 5-41 为例，对比概略图、电路图和接线图，思考逻辑功能图的绘制特点和用途。	分析教材图 5-41的布局方式以及图形符号、连接线和参照代号的应用情况，找出逻辑功能图的绘制特点和用途，提出问题：从布局方式、图形符号、连接线、参照代号等方面叙述逻辑功能图的绘制特点。比较概略图、电路图和接线图的作用，叙述逻辑功能图的作用	了解逻辑功能图的绘制和用途，回答问题：逻辑功能图按功能布局法布置，图形符号用框形符号表示，连接线用单线表示法表示，标注产品面参照代号；逻辑功能图主要用于阐述二进制逻辑电路的功能、逻辑关系及其工作原理
【新课教学】 **一、逻辑功能图的基本概念** 逻辑功能图是指用二进制逻辑元件符号绘制的简图，主要用于表达二进制逻辑电路的功能、逻辑关系及其工作原理。	讲解逻辑功能图、纯逻辑图、详细逻辑图的概念及应用，提出问题：教材图 5-41a 与图 5-41b 所表达的信息有何不同？纯逻辑图与详细逻辑图之间有何内在关系	分析教材图 5-41，了解逻辑功能图、纯逻辑图、详细逻辑图的概念及用途，回答问题：教材图 5-41a 不涉及实际器件，图 5-41b 为实际器件；纯逻辑图是编制详细逻辑图的依据

教学内容	教师活动	学生活动
1. 纯逻辑图 纯逻辑图是一种只表示逻辑功能而不涉及实现方法的逻辑功能图，也称理论逻辑图或一般逻辑图。 2. 详细逻辑图 详细逻辑图是一种用执行逻辑功能实际器件的图形符号绘制的逻辑功能图，也称工程逻辑图。		
二、逻辑功能图的绘制原则和方法 1. 图形符号 （1）二进制逻辑单元图形符号的构成 二进制逻辑单元图形符号由一个或若干个方框组合而成，可以附加一个或多个限定符号，限定符号包括与输入、输出有关的标记。	根据教材图5-41a、图5-42和图5-43，讲解二进制逻辑单元图形符号的构成	分析图例，了解二进制逻辑单元图形符号的构成
（2）方框的种类 1）单元框。 2）公共控制框。 3）公共输出元件框。	根据教材图5-44、图5-45、图5-46，讲解方框的种类及其邻接	分析图例，了解二进制逻辑单元图形符号所用方框的种类及其邻接
（3）常用二进制逻辑单元的图形符号 1）或门。 2）与门。 3）非门。	指导学生识读教材表5-2中的二进制逻辑单元图形符号	识读二进制逻辑单元图形符号
2. 电气元器件的布局方式与连接线 （1）电气元器件的布局方式	指导学生识读GB/T 4728.12—2008中常见二进制逻辑单元图形符号	识读国家标准中的二进制逻辑单元图形符号
按功能布局法布置，信息流向从左至右、自上而下，功能相关的图形符号结合在一起或尽量靠近。图形符号的方位不能任意改变，输入线和输出线分别置于图形符号相对的两侧，并与符号的框线相垂直，一般输入线在左侧，输出线在右侧。	根据教材图5-41，讲解电气元器件的布局方式	分析图例，了解逻辑功能图中电气元器件的布局方式和绘制特点

教学内容	教师活动	学生活动
（2）连接线 在逻辑功能图中，各单元之间的连接线及单元的输入线、输出线称为信号线。 当一个信号输送给多个单元时，以“T”形连接方式接到各个单元。 双向传输引线可在信号线上加双向开口箭头。 【应用举例】 分析教材图 5–41 所示的异或逻辑功能图的绘制特点，并识读图样。 1. 分析图样的绘制特点 2. 识读图样 （1）纯逻辑图 （2）详细逻辑图	根据教材图 5–41，讲解连接线的画法和应用，提出问题：双向传输引线表示什么含义 分析教材图 5－41、图 5–47，提出问题：教材图 5–41、图 5–47 有哪些绘制特点 指导学生识读、绘制教材图 5–41	分析图例，了解逻辑功能图中连接线的绘制特点和作用，回答问题：双向传输引线表示信号线上有时是输入信号，有时是输出信号 掌握教材图 5–41、图 5–47 图样的绘制特点和识读方法 识读、绘制教材图5–41

【课堂小结】

1. 逻辑功能图、纯逻辑图、详细逻辑图的基本概念。
2. 逻辑功能图的绘制原则和方法：图形符号、电气元器件的布局方式与连接线。

【课后作业】

习题册 §5–4，题 1 ～ 3。

§5-5　识读电气布置图

课题	识读电气布置图		
授课时间	年　　月　　日	学时	1
授课班级			
教具	多媒体设备、绘图工具、相关标准。		
教学目标	1. 了解电气布置图的概念。 2. 掌握电气布置图的绘制原则和基本表示方法。 3. 能识读和绘制常见的简单电气布置图，并会查阅相关标准。		
教学重点	电气布置图的绘制原则和基本表示方法。		
教学难点	识读简单电气布置图。		

教学内容	教师活动	学生活动
【教学引入】 想一想： 以教材图 4-7 为例，对比概略图、电路图、接线图和逻辑功能图，思考电气布置图的绘制特点和用途。	分析教材图 4-7 的布局方式以及图形符号、参照代号的应用情况，讲解电气布置图的绘制特点和用途，提出问题：从图样的布局方式、图形符号、参照代号等方面叙述电气布置图的绘制特点。比较概略图、电路图、接线图和逻辑功能图的作用，叙述电气布置图的作用	了解电气布置图的绘制和用途，回答问题：电气布置图为位置布局法布置，图形符号用简化外形表示，标注产品面参照代号；电气布置图主要用于阐述电气元器件的安装位置
【新课教学】 **一、电气布置图的基本概念** 电气布置图是用以表达项目相对或绝对位置信息的图样。	以教材图 4-7 为例，讲解电气布置图的概念及应用	了解电气布置图的概念及用途，阅读教材

教学内容	教师活动	学生活动
电气布置图常与电路图、接线图配合使用，主要为电气设备的安装、检修等提供依据。		
二、电气布置图的绘制原则和方法 1. 图样的布局 电气布置图是按照位置布局法布置的，图形符号应表示在电气元器件所在的大概位置。图中应表示出电气元器件的相对位置或绝对位置及其尺寸。	根据教材图 4–7，讲解图形符号的布局方式，特别是电气元器件所在的位置及其尺寸，提出问题：位置布局法有何特点	分析教材图 4–7，了解电气布置图的布局方式及特点，回答问题：位置布局法可表示出电气元器件的相对位置或绝对位置及其尺寸
2. 电气元器件的表示方法 电气元器件用表示其主要轮廓的简化外形或国家标准（GB/T 4728）中规定的图形符号来表示。	讲解教材图 4–7 中电气元器件的表示方法，提出问题：图中的电气元器件是怎样表示的	分析教材图 4–7，掌握电气布置图中电气元器件的表示方法，回答问题：电气元器件用简化外形表示
3. 连接线的表示方法 对于要求示出导线的电气布置图，一般用单线表示法绘制。只有在需要表明复杂连接的细节时，才采用多线表示。 连接线应区别于表示地貌、结构或建筑物内容的图线。	指导学生阅读教材内容，讲解连接线在电气布置图中的表示方法，提出问题：在电气布置图中，连接线按什么表示方法绘制？电气布置图中的连接线与建筑平面图中的一致吗	阅读教材，回答问题
4. 设备位置的确定方法 在电气布置图中，可借助于物体的简化外形、物体的主要尺寸和它们之间的距离以及代表物体的符号等信息确定物体的相对位置或绝对位置。	根据教材图 4–7 中的尺寸标注，讲解确定电气布置图中设备位置的方法	分析图例，了解确定电气布置图中设备位置的方法

教学内容	教师活动	学生活动
三、电气布置图示例 1. 电气设备布置图 电气设备布置图是一种用以提供电气设备安装位置信息的简图，分室内和室外两种。电气设备应采用简化外形或图形符号来表示。	讲解电气设备布置图的概念、用途和绘制特点，提出问题：什么是电气设备布置图？分哪几类？主要绘制特点有哪些	分析教材图5–48，了解电气设备布置图的概念、用途和绘制特点，阅读教材，回答问题
2. 电气设备安装简图 电气设备安装简图是一种用以提供电气设备安装位置和连接关系的简图，分室内和室外两种。电气设备应采用简化外形或图形符号来表示。	讲解电气设备安装简图的概念、用途和绘制特点，提出问题：什么是电气设备安装简图？分哪几类？主要绘制特点有哪些	分析教材图5–49，对比电气设备布置图，了解电气设备安装简图的概念、用途和绘制特点，阅读教材，回答问题
3. 电气设备接地平面图 电气设备接地平面图是一种用以提供接地装置的位置及与电气设备连接关系的简图，又称接地图或接地简图，分室内和室外两种。	讲解电气设备接地平面图的概念、用途和绘制特点，提出问题：什么是电气设备接地平面图？分哪几类？主要绘制特点有哪些	分析教材图5–50，对比电气设备布置图和电气设备安装简图，了解电气设备接地平面图的概念、用途和绘制特点，阅读教材，回答问题
4. 电气（设备内部元器件）布置图 电气（设备内部元器件）布置图是一种用于示出设备内部元器件安装位置的图，通常以简化外形或其他补充图形符号的形式示出元器件的位置，包括设备的参照代号等信息。最常见的电气布置图主要有各种配电屏、控制屏、继电器屏、电气装置的屏面或屏内设备和元器件的布置图等。	讲解电气（设备内部元器件）布置图的概念、用途和绘制特点，提出问题：什么是电气（设备内部元器件）布置图？分哪几类？主要绘制特点有哪些	分析教材图5–51，对比电气设备布置图、电气设备安装简图和电气设备接地平面图，了解电气（设备内部元器件）布置图的概念、用途和绘制特点，阅读教材，回答问题

<table>
<tr><th>教学内容</th><th>教师活动</th><th>学生活动</th></tr>
<tr><td>【应用举例】
以教材图 4–7 所示三相鼠笼式感应电动机点动控制电路电气元器件布置图为例，分析图样的绘制特点，并识读。
1. 分析图样的绘制特点
2. 识读图样</td><td>分析教材图 4–7，提出问题：图 4–7 有哪些绘制特点

指导学生识读、绘制教材图 4–7</td><td>掌握教材图 4–7 的绘制特点和识读方法

识读、绘制教材图 4–7</td></tr>
<tr><td colspan="3">【课堂小结】
1. 电气布置图的概念。
2. 电气布置图的绘制原则和基本表示方法。
3. 电气布置图示例：电气设备布置图、电气设备安装简图、电气设备接地平面图、电气（设备内部元器件）布置图。</td></tr>
<tr><td colspan="3">【课后作业】
习题册 §5–5，题 1 ～ 3。</td></tr>
</table>

§5-6　识读建筑电气安装平面图

<table>
<tr><td>课题</td><td colspan="3">识读建筑电气安装平面图</td></tr>
<tr><td>授课时间</td><td>年　　月　　日</td><td>学时</td><td>2</td></tr>
<tr><td>授课班级</td><td colspan="3"></td></tr>
<tr><td>教具</td><td colspan="3">多媒体设备、绘图工具、相关标准。</td></tr>
<tr><td>教学目标</td><td colspan="3">1. 了解建筑电气安装平面图的基本概念。
2. 掌握建筑电气安装平面图的基本表示方法。
3. 掌握识读建筑电气安装平面图的基本方法。
4. 能识读和绘制简单的建筑电气安装平面图，并会查阅相关标准。</td></tr>
<tr><td>教学重点</td><td colspan="3">建筑电气安装平面图的基本表示方法和识读方法</td></tr>
<tr><td>教学难点</td><td colspan="3">建筑电气安装平面图的基本表示方法和识读方法</td></tr>
<tr><td colspan="2">教学内容</td><td>教师活动</td><td>学生活动</td></tr>
<tr><td colspan="2">【教学引入】
想一想：
以教材图5-52为例，对比概略图、电路图、接线图、逻辑功能图和电气布置图，思考建筑电气安装平面图的绘制特点和用途。</td><td>分析教材图5-52的布局方式以及图形符号、连接线、标注的应用情况，讲解建筑电气安装平面图的绘制特点和用途，提出问题：从图样的布局方式、图形符号、连接线、标注等方面叙述建筑电气安装平面图的绘制特点。比较概略图、电路图、接线图、逻辑功能图、电气布置图的作用，叙述建筑电气安装平面图的主要用途是什么</td><td>了解建筑电气安装平面图的绘制特点和用途，回答问题：建筑电气安装平面图为位置布局法布置，图形符号用标准图形符号表示，连接线用单线表示法表示，不标注参照代号但应标注电气设备的相关信息；建筑电气安装平面图主要用于表示建筑物中电气设备的安装位置、连接关系</td></tr>
</table>

<table>
<tr><th>教学内容</th><th>教师活动</th><th>学生活动</th></tr>
<tr><td>【新课教学】
一、建筑电气安装平面图的基本概念
建筑电气安装平面图是一种用图形符号（或简化图形）和文字符号来表示电气装置、设备和线路等在建筑物中的安装位置、连接关系及其安装方法的简图。
建筑电气安装平面图主要用于建筑电气设备的安装、维护和管理。</td><td>以教材图5–52为例，指导学生归纳建筑电气安装平面图的概念，讲解建筑电气安装平面图的应用、类型和表达的主要信息</td><td>了解建筑电气安装平面图的概念、应用、类型和表达的主要信息</td></tr>
<tr><td>1. 电气照明安装平面图
电气照明安装平面图是指用图形符号和文字符号表示建筑物内照明设备和线路平面布置的简图，常用于电气照明线路的安装、维护和管理。</td><td>讲解电气照明安装平面图的概念、用途及表达的主要信息</td><td>分析教材图5–52a</td></tr>
<tr><td>2. 电力安装平面图
电力安装平面图是指用图形符号和文字符号表示建筑物内各种电力设备平面布置的简图，常用于电力设备的安装、维护和为管理提供安装信息。</td><td>讲解电力安装平面图的概念、用途及表达的主要信息，提出问题：电力安装平面图主要用于表达哪些方面的信息</td><td>分析教材图5–52b，回答问题：电力安装平面图表达电力设备的安装位置、规格、型号、数量以及供电线路的敷设路径和方法等内容</td></tr>
<tr><td>二、建筑电气安装平面图的基本表示方法
1. 电气设备的表示方法
在建筑电气安装平面图中，电气设备用图形符号、文字符号或简化外形表示。</td><td>讲解建筑电气安装平面图中电气设备的表示方法，提出问题：建筑电气安装平面图中的电气设备是用什么符号表示的</td><td>分析教材图5–52，掌握建筑电气安装平面图中电气设备的表示方法，阅读教材，回答问题</td></tr>
<tr><td>2. 图样的布局
建筑电气安装平面图是用位置布局法布置的，是在建筑平面图上完成的，所以其设备和设施的位置应与建筑平面图一致。</td><td>指导学生阅读GB/T 4728.11—2022</td><td>拓展学习</td></tr>
</table>

教学内容	教师活动	学生活动
	分析教材图 5–52、图 5–53 中电气设备的布局，讲解建筑电气安装平面图与建筑平面图之间的关系	掌握建筑电气安装平面图的布局方法
3. 图上位置的表示方法 （1）定位轴线法 定位轴线是指确定建筑平面图上的承重墙、柱、梁等主要承重构件的位置的轴线。 定位轴线法的编号原则：在水平方向，按从左至右的顺序给轴线标注数字编号；在竖直方向，按从下到上的顺序给轴线标注字母编号；数字和字母分别用点画线引出。	讲解定位轴线法的概念、编号原则及应用，提出问题：什么是定位轴线法？定位轴线法的编号原则是什么？定位轴线法类似于图上位置的哪一种表示方法？主要用于什么场合	分析教材图 5–53，掌握定位轴线法的概念、编号原则及主要用途，阅读教材，回答问题
（2）尺寸标注法 尺寸标注法是指通过尺寸标注确定图上位置的方法。 用尺寸标注法定位类似于直角坐标系，在水平方向和竖直方向均标注尺寸数字，定位准确，测量方便。	根据教材图 5–53 中电气设备位置的表示方法，讲解尺寸标注法的概念及应用，提出问题：什么是尺寸标注法？尺寸标注法定位类似于什么？主要用于什么场合	分析教材图 5–53，掌握尺寸标注法的概念及主要用途，阅读教材，回答问题
4. 图线表示方法 在建筑电气安装平面图中存在着建筑平面图和电气平面图两种图线，建筑图线用细实线，电气图线用较粗的实线。 在建筑电气安装平面图中，只采用连续线，且一般用单线来表示。	讲解电气图线和建筑图线的表示方法，提出问题：在建筑电气安装平面图中，电气图线和建筑图线的表示方法有何不同？连接线用什么表示方法	分析教材图 5–53，掌握电气图线和建筑图线的表示方法，阅读教材，回答问题

教学内容	教师活动	学生活动
5. 建筑构件的表示方法 绘制建筑构件图形的图线不能与绘制电气线路的图线相混淆，要突出电气布置，通常用一些能改善对比度的方法。	讲解建筑构件的表示方法，特别是建筑构件图形的图线与电气线路的图线，提出问题：怎样表示建筑电气安装平面图中的建筑构件	分析教材图 5–53，掌握建筑构件的表示方法，阅读教材，回答问题
6. 线路和电气设备的标注方式 （1）线路标注方式 照明线路和电力线路用图线和文字符号相结合的方法进行标注。用图线表示出线路的走向，用文字符号表示出导线的型号、规格、根数和线路配线方式，用尺寸标注法表示导线的长度和导线、电气设备的安装位置。	分析教材图 5–54 中线路的标注，讲解建筑电气安装平面图中照明线路、电力线路的标注方式及标注内容，特别是导线特征的标注格式	分析图例，掌握建筑电气安装平面图中线路的标注方式
（2）电气设备的标注方式 1）电力和照明设备。 2）照明灯具。 7. 照明电路接线的表示方法 （1）直接接线法 直接接线法是指从线路上直接引线连接的接线方法，导线中间允许有接头。	讲解建筑电气安装平面图中电气设备的标注方式，提出问题：电力和照明设备、照明灯具的标注方式是怎样表示的？含有哪几方面的信息	分析教材图 5–52，掌握建筑电气安装平面图中电气设备的标注方式，阅读教材，回答问题
直接接线法能够省工省料，但不便于检测维修，使用不广。 （2）共头接线法 共头接线法是一种通过设备的接线端子引线的接线方法，导线中间不允许有接头。	分析教材图 5–55 中照明电路接线的表示方法，讲解直接接线法的含义、特点	分析图例，掌握直接接线法的含义、画法
共同接线法导线用量较大，可靠性比直接接线法高且检修方便，因此被广泛采用。	分析教材图 5–56 中照明电路接线的表示方法，讲解共头接线法的含义、特点	分析图例，掌握共头接线法的含义、画法

教学内容	教师活动	学生活动
8. 基本照明控制电路的表示方法 1只开关控制 双联控制 三联控制	分析教材表5-10中图例，讲解基本照明控制电路平面图的表示方法，提出问题：读出用1只开关控制、双联控制、三联控制照明电路平面图的表示方法	了解基本照明控制电路平面图的表示方法，掌握识读技能
三、识读建筑电气安装平面图的基本方法 1. 识读顺序 一般按照从电气系统概略图到施工平面图、从电源进户线到总配电箱（盘）、从总配电箱沿着各条干线到分配电箱、从各个分配电箱沿着各条支线分别读到各个负载的顺序识读。	分析教材图5-57、图5-53，讲解建筑电气安装平面图的识读顺序，特别是识读要点	掌握建筑电气安装平面图的识读顺序和要点
2. 识读方法 （1）阅读概略图。 （2）阅读图上的文字说明。 （3）了解建筑物的基本情况。 （4）熟悉电气设备、灯具等在建筑物内的分布及安装位置。 （5）了解各支路的负荷分配情况和连接情况。 （6）建立空间概念。	分析教材图5-57、图5-53，讲解建筑电气安装平面图的识读方法，提出问题：阅读概略图的目的是什么？阅读图上文字说明的目的是什么？为什么要了解建筑物的基本情况？为什么要熟悉电气设备、灯具在建筑物内的分布及安装位置？为什么要了解各支路的负荷分配情况和连接情况	掌握建筑电气安装平面图的识读方法，阅读教材，回答问题

<table>
<tr><th>教学内容</th><th>教师活动</th><th>学生活动</th></tr>
<tr><td>【应用举例】
以教材图 5–53 所示的某建筑物第 3 层电气照明安装平面图为例，分析图样的绘制特点，并识读。
1. 分析图样的绘制特点
2. 识读图样
（1）识读基本图（建筑平面图）
（2）识读电气照明配电系统概略图
（3）识读电气照明安装平面图</td><td>分析教材图 5–57、图 5–53，提出问题：教材图 5–53 有哪些绘制特点

指导学生识读、绘制教材图 5–53</td><td>进行识读综合练习，掌握教材图 5–53 的绘制特点和识读方法

识读、绘制教材图 5–53</td></tr>
<tr><td colspan="3">【课堂小结】
1. 建筑电气安装平面图常用的主要有电气照明安装平面图和电力安装平面图。
2. 建筑电气安装平面图的基本表示方法：电气设备的表示方法、图样的布局、图上位置的表示方法（定位轴线法、尺寸标注法）、图线表示方法、建筑构件的表示方法、线路和电气设备的标注方式、照明电路接线的表示方法（直接接线法、共头接线法）、基本照明控制电路的表示方法。
3. 识读建筑电气安装平面图的顺序和方法。</td></tr>
<tr><td colspan="3">【课后作业】
习题册 §5–6，题 1 ~ 3。</td></tr>
</table>

第六章
计算机绘图

§6-1 AutoCAD 2020 基础知识

课题	AutoCAD 2020 基础知识		
授课时间	年　月　日	学时	2
授课班级			
教具	多媒体设备、计算机。		
教学目标	1. 掌握 AutoCAD 2020 的启动方法，了解 AutoCAD 2020 的工作界面。 2. 掌握 AutoCAD 文件新建、打开和保存的方法。 3. 掌握命令的启动、重复、撤销与重做操作，了解设置绘图区背景颜色的方法。		
教学重点	1. AutoCAD 2020 的启动方法。 2. AutoCAD 文件新建、打开和保存的方法。 3. 命令的启动、重复、撤销与重做操作。		
教学难点	AutoCAD 2020 的工作界面。		

教学内容	教师活动	学生活动
【教学引入】 AutoCAD 2020 是 Autodesk 公司最新推出的计算机辅助设计软件，它具有良好的工作界面和灵活、高效、快捷的绘图环境，已广泛应用于机械设计、电工电子电路设计等诸多领域。 在实际工作中，计算机绘图已经基本替代手工绘图。	展示用计算机绘制的图样，介绍计算机绘图的主要内容，包括绘制图形、标注尺寸、录入文字等。现场演示用 AutoCAD 绘制图样 简单介绍几种常用的绘图软件，如 AutoCAD、CAXA 等	分析用计算机绘图的优点是图形清晰、尺寸标注规范、方便快捷、便于保存和交流

教学内容	教师活动	学生活动
【新课教学】 一、启动 AutoCAD 2020 AutoCAD 2020 提供了“草图与注释”“三维基础”“三维建模”三种工作空间模式。 “草图与注释”工作空间主要由标题栏、菜单栏、功能区、绘图区、命令窗口、状态栏、导航栏组成。	演示用多种方法启动 AutoCAD 2020 简单介绍三种工作空间的用途 重点介绍“草图与注释”工作空间，让学生对其有一个初步认识	与教师同步启动 AutoCAD 2020，思考启动 AutoCAD 与启动其他软件（如 word）有何异同 思考 AutoCAD 的工作空间与 Word 有何异同，在 AutoCAD 工作空间中找到自己熟悉的按钮，如复制、粘贴、撤销、重做等
二、AutoCAD 2020 的操作界面 1. 标题栏 快速访问工具栏在窗口的左上方，有“新建”“打开”“保存”“另存为”“打印”“放弃”以及“重做”等命令。 窗口控制按钮位于标题栏最右端，包含“最小化”“恢复窗口大小 / 最大化”“关闭”按钮。	展示标题栏的各项内容，重点介绍快速访问工具栏和窗口控制按钮 指导学生按要求进行操作	跟随教师演示进行操作。为方便学习，可以两名同学共用一台计算机，一名学生负责指挥和检查，另一名学生负责操作，并轮流交换角色
2. 菜单栏 菜单栏位于标题栏的下侧，包括“文件”“编辑”“视图”“插入”“格式”“工具”“绘图”“标注”“修改”“参数”“窗口”“帮助”12 个主菜单。	演示菜单栏的显示和隐藏方法，介绍菜单栏的内容，并用菜单栏绘制直线、圆等	跟随教师演示进行操作
3. 功能区 功能区位于菜单栏的下方，包括“默认”“插入”“注释”“参数化”“视图”等部分，“默认”标签包括“绘图”“修改”“注释”“图层”等 10 个面板。	展开功能区各选项卡，简单介绍选项卡中的内容。重点介绍“绘图”选项卡的内容。演示通过单击“直线”“圆”等按钮绘制图形	跟随教师演示进行操作

<table>
<tr><th>教学内容</th><th>教师活动</th><th>学生活动</th></tr>
<tr><td>4. 绘图区
默认状态下，绘图区是一个无限大的电子屏幕。
当执行绘图命令时，“十”字光标变为拾取点光标。</td><td>演示并介绍在绘图过程中光标的变化</td><td></td></tr>
<tr><td>5. 命令窗口
6. 状态栏
7. 导航栏
8. 右键快捷菜单</td><td>简单介绍命令窗口、状态栏、导航栏、右键快捷菜单的用途</td><td></td></tr>
<tr><td>三、文件管理
1. 新建文件
2. 打开文件
3. 保存与另存文件
4. 关闭文件</td><td>演示各种新建、打开、保存与另存、关闭图形文件的方法</td><td></td></tr>
<tr><td>四、命令的启动、重复、撤销与重做
1. 启动命令的方法
（1）在命令行输入命令名
（2）在命令行输入命令缩写字母
（3）在“绘图”菜单中选择对应的命令
（4）单击功能区中对应的按钮</td><td>演示用各种方法启动“直线”命令绘制直线，重点介绍如何通过功能区启动绘图命令</td><td>讨论各种启动命令方法的优缺点
思考为何要用多种方法执行同样的命令</td></tr>
<tr><td>2. 命令的重复、撤销与重做
（1）命令的重复
重复上一个命令可按回车键或空格键等。
（2）命令的撤销
（3）命令的重做</td><td>介绍回车键和空格键在用 AutoCAD 绘图时的用途</td><td></td></tr>
<tr><td>五、设置背景颜色
启动“选项”命令的方法：单击菜单栏的“工具”→“选项”命令菜单；在没有选择任何图形对象的前提下单击鼠标右键，弹出快捷菜单，单击“选项”命令。
单击“显示”选项卡，切换到“显示”界面，单击“颜色”按钮，对绘图区的背景颜色进行修改。</td><td>演示如何启动“选项”命令设置背景颜色</td><td>跟随教师演示进行操作，将背景设置成合适的颜色</td></tr>
</table>

【课堂小结】

1.“默认”标签包括“绘图”“修改”“注释”“图层”等面板。

2. 启动命令的方法主要有：在命令行输入命令名，在命令行输入命令缩写字母，在“绘图”菜单中选择相应的命令，单击功能区中对应的按钮。

【课后作业】

习题册 §6-1，题1 ~ 12。

§6-2　绘制平面图形

课题	绘制平面图形		
授课时间	年　月　日	学时	4
授课班级			
教具	多媒体设备、计算机、A4 幅面绘图纸（每位学生各一张）。		
教学目标	1. 了解 AutoCAD 的坐标系。 2. 掌握直线、圆、圆弧、矩形、正多边形的绘制方法，能绘制基本几何图形。		
教学重点	直线、圆、圆弧、矩形、正多边形的绘制方法。		
教学难点	熟练绘制基本几何图形。		

教学内容	教师活动	学生活动
【教学引入】 1. 什么是平面直角坐标系？ 2. 在机械图样上有哪些基本图形要素？	提出问题，演示用 AutoCAD 绘制基本图形要素	平面直角坐标系是指 *XOY* 直角坐标系 机械图样上的基本图形要素包括直线、圆、圆弧、矩形、正多边形
【新课教学】 一、坐标系 世界坐标系（WCS）由两个相互垂直并相交的坐标轴 *X*、*Y* 组成。	在黑板上绘制世界坐标系	在图纸上绘制世界坐标系
1. 绝对坐标 （1）绝对直角坐标 绝对直角坐标是以原点（0，0）为参照点来定位所有的点，其表达式为（*X*，*Y*），用户可以通过输入点的实际 *X*、*Y* 坐标值来定义点的坐标。	在坐标系中绘制 *B*（35，15），点可以用小圆表示	在坐标系中绘制 *B*（35，15）
（2）绝对极坐标 绝对极坐标是以原点作为极点，通过相对于原点的极长和角度来定义点的位置，其表达式为（$L<\alpha$）。AutoCAD 是	在坐标系中绘制 *D*（20 < 30）	跟随教师作图

教学内容	教师活动	学生活动
以逆时针方向来测量角度的，逆时针的角度为正值。 2. 相对坐标		
（1）相对直角坐标 相对直角坐标是指相对于某一点的 X 轴和 Y 轴位移。它的表示方法是在绝对坐标表达式前加上“@”。	根据 A 点相对 B 点的相对直角坐标为（@ -13，8）绘制 A 点	跟随教师作图
（2）相对极坐标 相对极坐标是指相对于某一点的距离和角度。它的表示方法也是在绝对坐标表达式前加上“@”。	根据 C 点相对于 D 点的相对极坐标（@ 11 < 24）绘制 C 点	跟随教师作图
二、绘制直线 1. 启用“直线”命令 单击“默认”→“绘图”→“直线”按钮。 2. 绘制直线的方法 （1）利用鼠标点击绘制直线 （2）利用绝对直角坐标绘制直线 （3）利用相对直角坐标绘制直线 （4）利用绝对极坐标绘制直线 （5）利用相对极坐标绘制直线	演示各种绘制直线的方法	跟随教师演示绘制直线
【应用举例】 利用“直线”命令绘制教材图 6-34 所示图形。 （1）新建图形文件 （2）绘制图形 （3）保存图形	演示作图方法，指导学生绘图	按题目要求新建图形文件、绘制并保存图形
三、绘制圆 1. 利用“圆心、半径”命令绘制圆 2. 利用“圆心、直径”命令绘制圆 3. 利用“相切、相切、半径”命令绘制圆 4. 利用“相切、相切、相切”命令绘制圆	演示各种绘制圆的方法	跟随教师演示绘制圆

<table>
<tr><th>教学内容</th><th>教师活动</th><th>学生活动</th></tr>
<tr><td>四、绘制圆弧
1. 利用“三点”命令绘制圆弧
2. 利用“起点、圆心、端点”命令绘制圆弧
3. 利用“起点、端点、半径”命令绘制圆弧</td><td>演示各种绘制圆弧的方法</td><td>跟随教师演示绘制圆弧</td></tr>
<tr><td>五、绘制矩形
启动“矩形”命令的方法：在功能区单击“默认”→“绘图”→“矩形”按钮。</td><td>利用“矩形”命令绘制一个长 40 mm、宽 30 mm 的矩形</td><td>跟随教师演示绘制矩形</td></tr>
<tr><td>六、绘制正多边形
1.“内接于圆”方式绘制正多边形
2.“外切于圆”方式绘制正多边形</td><td>绘制一个边长为 100 mm 的正六边形
绘制一个对边距为 200 mm 的正六边形</td><td>跟随教师演示绘制正六边形</td></tr>
<tr><td colspan="3">【课堂小结】
1. 世界坐标系（WCS）有绝对坐标和相对坐标，绝对坐标有绝对直角坐标和绝对极坐标，相对坐标有相对直角坐标和相对极坐标。
2. 基本图形要素主要有直线、圆、圆弧、矩形、正多边形，它们都可以在 AutoCAD 上通过单击绘图面板上的相应按钮进行绘制。</td></tr>
<tr><td colspan="3">【课后作业】
习题册 §6-2，题 1、2。</td></tr>
</table>

§6-3 绘图工具

<table>
<tr><td>课题</td><td colspan="3">绘图工具</td></tr>
<tr><td>授课时间</td><td>年　　月　　日</td><td>学时</td><td>2</td></tr>
<tr><td>授课班级</td><td colspan="3"></td></tr>
<tr><td>教具</td><td colspan="3">多媒体设备、计算机。</td></tr>
<tr><td>教学目标</td><td colspan="3">1. 掌握图层管理的知识，能创建图形样板。
2. 掌握正交模式、对象捕捉、极轴追踪、对象捕捉追踪和动态输入等精确定位工具的使用方法，能绘制简单的平面图形。
3. 掌握选择对象和夹点编辑的方法。
4. 掌握移动、缩小和放大等图形显示的方法。</td></tr>
<tr><td>教学重点</td><td colspan="3">1. 创建图形样板。
2. 常用精确定位工具的使用方法。</td></tr>
<tr><td>教学难点</td><td colspan="3">创建图形样板。</td></tr>
</table>

教学内容	教师活动	学生活动
【教学引入】 机械图样的图线有哪几种类型？如何用 AutoCAD 绘制细虚线、细点画线和细双点画线等非连续的图线？	通过分析机械图样上图线的类型，引出图层的概念	
【新课教学】 一、图层管理工具 1. 新建图形文件 2. 新建图层	多媒体演示新建图形文件，并指导学生新建图形文件	打开计算机，启动 AutoCAD 新建图形文件 跟随教师同步操作计算机
（1）打开“图层特性管理器”对话框	演示如何打开“图层特性管理器”对话框	创建“粗实线”图层，注意设置正确的图层名和线宽
（2）创建“粗实线”图层	演示“粗实线”图层的创建步骤，指导学生创建“粗实线”图层	

教学内容	教师活动	学生活动
（3）创建“细点画线”图层	演示“细点画线”图层的创建步骤，指导学生创建“细点画线”图层	根据细点画线的国家标准选择线型和线宽 分组互助学习，小组内互相帮助，组长检查同学图层创建情况
（4）创建其他图层	指导学生创建“细实线”和“细双点画线”图层	
3. 当前图层 在 AutoCAD 2020 中，虽然允许用户设置很多图层，但当前绘图图层只能有一个，称为“当前图层”。	解释当前图层的概念，演示用不同的当前图层绘制图线	跟随教师演示设置不同的当前图层
4. 保存图形样板 为了今后绘图方便，可以将设置好的图层文件保存为图形样板文件。	演示保存图形样板的步骤	跟随教师演示保存自己创建的图形样板
二、精确定位工具 1. 正交模式 “正交模式”功能用于将光标强行控制在水平或竖直方向上，以绘制水平和竖直的线段。		
2. 对象捕捉 “对象捕捉”设置菜单中的常用选项包括端点、中点、圆心、几何中心、象限点、交点、垂足、切点。	讲解“对象捕捉”设置菜单中常用选项的功能，演示其设置方法和捕捉对象特征点的方法	跟随教师演示进行操作
3. 极轴追踪 “极轴追踪”可以根据当前设置的追踪角度，引出相应的极轴追踪线，从而追踪定位目标点。	讲解“极轴追踪”的用途、设置和操作方法	跟随教师演示进行操作
4. 对象捕捉追踪 依次点击菜单栏中的“工具”→“绘图设置”，打开“草图设置”对话框，在“极轴追踪”选项卡中选择“用所有极轴角设置追踪”，否则只能追踪基点的 0° 和 90° 的路径。	讲解“对象捕捉追踪”的用途、设置和操作方法	跟随教师演示进行操作

教学内容	教师活动	学生活动
5. 动态输入 启用“动态输入”功能，可以直接在光标附近显示绘制要素的信息。	演示启动或关闭“动态输入”功能后屏幕的变化，讲解“动态输入”功能的用途	跟随教师演示进行操作
三、选择对象与夹点编辑 1. 选择对象 （1）点选择 （2）窗口选择 （3）窗交选择	演示三种选择对象的方法	跟随教师演示进行操作
2. 使用夹点编辑图形 （1）用夹点拉伸直线 （2）用夹点编辑圆	演示使用夹点编辑图形的方法	跟随教师演示进行操作
四、显示图形 1. 缩放图形 “缩放”菜单常用选项的功能包括全部缩放、范围缩放、缩放上一个、窗口缩放。	介绍“缩放”菜单常用选项的功能，演示各项缩放命令的操作方法	
2. 平移图形 “平移”命令用于移动图形在屏幕上的显示位置，该命令不改变图形的实际位置。	演示平移图形的方法 强调缩放和平移只是改变图形显示的大小和位置	跟随教师演示进行操作
【应用举例】 绘制教材图 6-78 所示顶尖。 （1）新建图形文件 （2）绘制中心线 （3）绘制正三角形 （4）绘制矩形 （5）绘制梯形 1）绘制梯形右侧轮廓线。 2）拉伸轮廓线。	分析顶尖的结构 指导学生独立完成绘图任务，培养学生自主学习的能力	观看二维码视频资源，了解顶尖的绘图过程 跟随二维码视频资源绘制图形

<table>
<tr><th>教学内容</th><th>教师活动</th><th>学生活动</th></tr>
<tr><td>3）绘制梯形上边的轮廓线。
4）绘制梯形下边的轮廓线。
5）编辑梯形右侧轮廓线。</td><td></td><td></td></tr>
<tr><td colspan="3">【课堂小结】
1. 总结创建图形样板的步骤。
2. 简述使用精确定位工具、选择对象、夹点编辑和显示图形的方法。
3. 点评学生绘制的图形。</td></tr>
<tr><td colspan="3">【课后作业】
习题册 §6–3，题 1、2。</td></tr>
</table>

§6-4　编辑平面图形

课题	编辑平面图形		
授课时间	年　月　日	学时	3
授课班级			
教具	多媒体设备、计算机。		
教学目标	1. 掌握“移动”“复制”“旋转”“镜像”“修剪”“偏移”“删除”“阵列”“缩放”“倒角”和“圆角”等编辑命令的使用方法。 2. 能用编辑命令绘制较复杂的平面图形。		
教学重点	“移动”“复制”“旋转”“镜像”“修剪”“偏移”“删除”“阵列”“缩放”“倒角”和“圆角”等编辑命令的使用方法。		
教学难点	绘制较复杂的平面图形。		

教学内容	教师活动	学生活动
【教学引入】 在绘图时，如何快速绘制出重复的图形对象？	展示教材图6-118，提出问题：如何绘制圆角？如何快速地绘制四个直径相同且规律分布的圆	结合以前所学知识思考教师提出的问题
【新课教学】 一、移动对象 在功能区单击“默认”→“修改”→“移动”按钮。 1. 利用“基点”选项移动图形 2. 利用“位移”选项移动图形	演示利用“基点”和“位移”选项移动图形	跟随教师演示移动图形
二、复制对象 在功能区单击“默认”→“修改”→“复制”按钮。 “粘贴”命令用于将剪贴板上的内容粘贴到本图形文件中，也可以粘贴到其他“.dwg”格式图形文件中。	演示用“复制”命令复制图形 介绍用快捷键和“剪贴板”面板上的按钮复制图形的方法	跟随教师演示复制图形
三、旋转对象 在功能区单击“默认”→“修改”→“旋转”按钮。	演示用“旋转”命令旋转图形	跟随教师演示旋转图形

教学内容	教师活动	学生活动
1. 将图形旋转一定角度 2. 参照旋转 **四、镜像对象** 在功能区单击“默认”→“修改”→“镜像”按钮。 **五、修剪对象** 在功能区单击“默认”→“修改”→“修剪”按钮。 **六、偏移对象** **七、删除对象** **八、阵列对象** 1. 矩形阵列 2. 环形阵列 **九、缩放对象** **十、圆角与倒角** 1. 圆角 2. 倒角 **【应用举例】** 绘制教材图 6–118 所示垫片。 （1）新建图形文件 （2）绘制大矩形 （3）绘制中心线 （4）绘制小矩形 （5）倒圆角 （6）绘制左上角的圆 （7）绘制圆的中心线 （8）镜像其余 3 个圆及中心线	演示用“镜像”命令镜像图形 展示二维码视频，让学生跟随视频学习操作方法，培养学生的自学能力 指导学生以小组为单位展开合作学习 巡回指导学生绘图	跟随教师演示镜像图形 跟随视频学习并操作 根据教材学习操作方法，自主学习 分析垫片的结构、图形特点和图线类型，制定绘图步骤 观看二维码资源，熟悉绘图步骤和操作方法 独立完成绘图任务
【课堂小结】 1. 总结学生在使用编辑命令时出现的问题。 2. 总结学生绘制垫片平面图时出现的问题。 3. 帮助学生总结学习经验和教训，让学生小组交流学习心得。		
【课后作业】 习题册 §6–4，题 1 ~ 3。		

§6-5 绘制图样

<table>
<tr><td>课题</td><td colspan="3">绘制图样</td></tr>
<tr><td>授课时间</td><td>年　月　日</td><td>学时</td><td>2</td></tr>
<tr><td>授课班级</td><td colspan="3"></td></tr>
<tr><td>教具</td><td colspan="3">多媒体设备、计算机。</td></tr>
<tr><td>教学目标</td><td colspan="3">1. 掌握“样条曲线拟合”“图案填充”命令的使用方法。
2. 掌握文字样式、尺寸样式的设置方法。
3. 了解绘制图样的步骤，能绘制一般的机械图样。</td></tr>
<tr><td>教学重点</td><td colspan="3">1. “样条曲线拟合”“图案填充”命令的使用方法。
2. 文字样式、尺寸样式的设置方法。</td></tr>
<tr><td>教学难点</td><td colspan="3">尺寸样式的设置方法。</td></tr>
</table>

教学内容	教师活动	学生活动
【教学引入】 用AutoCAD绘制图样的步骤与用尺规绘图基本相同。 【新课教学】 **一、新建图形文件** **二、绘制图框和标题栏** 1. 选择绘图比例、图幅 2. 绘制图框 3. 绘制标题栏 **三、绘制三视图** 1. 设置线型比例 2. 绘制底板 3. 绘制支承板 4. 绘制肋板 5. 绘制底板上的圆角和圆孔 6. 绘制波浪线 展开“绘图”面板的扩展面板，单击“样条曲线拟合”按钮。	展示教材图6–131，分析该图样的内容，指导学生制定绘图步骤 指导学生新建图形文件并选择比例和图幅 分组，指导学生自学 介绍样条曲线的绘制方法，演示绘图步骤	分析在绘图时有哪些未知的知识 按照教材图6–132所示的格式和尺寸绘制图框 按照教材图6–133所示格式和尺寸绘制标题栏 观看二维码视频，按步骤绘制三视图 在主、左视图上绘制样条曲线

<table>
<tr><th>教学内容</th><th>教师活动</th><th>学生活动</th></tr>
<tr><td>7. 填充剖面线
在功能区单击“默认”→“绘图”→“图案填充”按钮。</td><td>介绍“图案填充”命令的用途，演示其操作方法</td><td>在主、左视图上填充剖面线</td></tr>
<tr><td>四、标注尺寸
1. 设置文字样式
2. 设置标注样式</td><td>介绍文字样式和标注样式的用途，演示设置方法和步骤</td><td>与教师同步设置文字样式和标注样式</td></tr>
<tr><td>3. 标注尺寸
（1）标注底板的尺寸
（2）标注支承板的尺寸
（3）标注肋板的尺寸</td><td>分析标注尺寸的步骤，演示标注尺寸的方法</td><td>与教师同步标注尺寸</td></tr>
<tr><td>五、填写标题栏
1. 录入“轴承座”
2. 录入“更改文件号”
3. 录入其他文字</td><td>演示录入文字的方法</td><td>录入文字</td></tr>
<tr><td>六、检查、整理图样
1. 检查、整理三视图
2. 检查、整理尺寸
3. 检查标题栏</td><td>指导学生自查，然后让学生互查，最后教师对学生作业进行评定</td><td>根据检查、整理图形的步骤逐步检查图形、尺寸和标题栏，并改正错误</td></tr>
<tr><td colspan="3">【课堂小结】
1. 总结波浪线和剖面线的绘制方法。
2. 总结学生绘制轴承座时出现的问题。
3. 帮助学生总结学习经验和教训，让学生小组交流学习心得。</td></tr>
<tr><td colspan="3">【课后作业】
习题册 §6–5，题 1 ~ 4。</td></tr>
</table>